【全国职业教育精品课程规划教材】

Dreamweaver CS3

wangye zhizuo xiangmu shixun

Dreamweaver CS3
网页制作项目实训

◎ 赵艳莉 邢彩霞 叶 航 主 编

◎ 付达杰 孙道远 李 果 副主编

参编(排名不分先后)：

赵艳莉 邢彩霞 叶 航 付达杰

孙道远 李 果 陈荣华 彭 伟

魏 欢 袁 勤 高艳云 马 敏

翟 岩 李继峰 李继伟 丁 超

张志一 张祥云

时代出版传媒股份有限公司
安徽科学技术出版社

图书在版编目(CIP)数据

Dreamweaver CS3 网页制作项目实训/赵艳莉等主编.
—合肥:安徽科学技术出版社,2011.7
ISBN 978-7-5337-5114-2

Ⅰ.①D… Ⅱ.①赵… Ⅲ.①主页制作-图形软件,
Dreamweaver CS3 Ⅳ.①TP393.092

中国版本图书馆 CIP 数据核字(2011)第 073550 号

Dreamweaver CS3 网页制作项目实训　　　　　　　　赵艳莉 等 主编

出 版 人:黄和平　　　选题策划:王　勇　　　责任编辑:王　勇
责任校对:程　苗　　　责任印制:李伦洲　　　封面设计:朱　婧
出版发行:时代出版传媒股份有限公司　http://www.press-mart.com
　　　　　安徽科学技术出版社　　　　http://www.ahstp.net
　　　　　(合肥市政务文化新区翡翠路 1118 号出版传媒广场,邮编:230071)
　　　　　电话:(0551)3533330
印　　制:合肥创新印务有限公司　　电话:(0551)4456946
(如发现印装质量问题,影响阅读,请与印刷厂商联系调换)

开本:787×1092　1/16　　　印张:16.5　　　字数:380 千
版次:2011 年 7 月第 1 版　　2011 年 7 月第 1 次印刷

ISBN 978-7-5337-5114-2　　　　　　　　　　　定价:34.00 元

版权所有,侵权必究

内 容 提 要

　　本书以目前常用的网页制作软件 Adobe Dreamweaver CS3 为蓝本，采用项目教学模式的编写方式，通过丰富的情景设定引出项目和任务，在项目的完成过程中完整地学习 Dreamweaver 网页设计和制作技术。本书以"必须、够用"为原则，力求降低理论难度，加大技能训练强度，形成练中学，从会用到用好，循序渐进。

　　本书共 8 个单元，主要内容包括网页制作基础、站点的创建与管理、网页中插入基本元素、布局网页、制作网页特效、创建动态网页、网站的发布和维护、实用设计等。

　　本书可作为全国职业院校网页制作课程的教学用书，也可作为网页制作初学者的自学用书。

前　言

本书为充分体现"以服务为宗旨,以就业为导向,以能力为本位"的职业教育办学特点,以目前常用的网页制作软件 Adobe Dreamweaver CS3 为蓝本,采用项目教学模式的编写方式,通过丰富的情景设定引出项目和任务,在项目的完成过程中完整地学习 Dreamweaver 网页设计和制作技术。本书的编写特点是:通过每个单元的若干项目的完成过程引出与之相关的知识点,每个项目目标的实现是在操作活动中完成的。每个项目由项目描述、项目分析、项目目标、若干任务的操作步骤、项目小结组成。在各任务的操作过程中以知识百科的形式穿插了操作中用到的与项目目标有关的知识点,以"必须、够用"为原则,力求降低理论难度,加大技能训练强度,形成练中学,从会用到用好,循序渐进。通过提供的"贴心提示""项目小结"等特色模块来巩固、加深所学内容。在每一个项目中为了突破难点,在项目小结中采用启发式的语言帮助学生巩固学习效果。另外,每一单元最后提供了"知识拓展""单元小结"和"实训与练习"等模块,用于知识延伸和加强动手能力的培训。

本书共分 8 个单元,第 1 单元主要介绍网页及网页元素,使读者对网页有个感性认识;第 2 单元讲解站点的创建与管理;第 3 单元讲解如何在网页中插入基本元素;第 4 单元讲解布局网页的方法;第 5 单元讲解如何制作网页特效;第 6 单元讲解创建动态网页的方法;第 7 单元讲解网站的发布和维护方法;第 8 单元为实用设计,对一个网站从设计、制作、测试到发布的创建过程进行了综合,让已有一定网页制作基础的用户对使用 Dreamweaver 软件进行网页设计和制作有更全面的认识。

为方便教师教学,本书配备了教学资源包,包括素材、所有项目的效果演示、电子教案等,教师可登录封面上提供的网址免费下载使用。

本课程的教学时数为 96 学时,各单元的参考教学课时见以下的课时分配表。

单　元	教 学 内 容	课 时 分 配	
		讲　授	实 践 训 练
第 1 单元	网页制作基础	2	4
第 2 单元	站点的创建与管理	2	4
第 3 单元	网页中插入基本元素	10	10
第 4 单元	布局网页	12	12
第 5 单元	制作网页特效	8	8
第 6 单元	创建动态网页	2	4
第 7 单元	网站的发布和维护	2	2
第 8 单元	实用设计		14
课时总计 ·		38	58

　　本书由赵艳莉、邢彩霞、叶航担任主编，付达杰、孙道远、李果担任副主编。参加本书编写的有赵艳莉、邢彩霞、叶航、付达杰、孙道远、陈荣华、彭伟、魏欢、李果、袁勤、高艳云、马敏、翟岩、李继锋、李继伟、丁超、张志一、张祥云。由于作者水平有限，书中难免存在错误和不妥之处，敬请广大读者批评指正。

编　者

目　　录

第 1 单元

网页制作基础

本单元通过欣赏并分析一些精品网站,了解网页的布局结构、色彩搭配、视觉效果以及构成网页的基本元素;通过使用 HTML 源代码制作简单网页,了解 HTML 的基本结构,掌握利用 HTML 源代码制作简单网页的方法,同时认识 Dreamweaver CS3 的工作窗口。

本单元分为以下 2 个项目进行:

项目1 认识网页及网页元素

项目2 制作我的第一个网页

项目1 认识网页及网页元素

项目描述

在互联网已经渗透到我们社会生活的各个方面的今天,通过互联网我们可以了解新闻动态、气象及旅游信息、收发电子邮件、网上聊天、购物、炒股、查阅资料以及进行远程教育。互联网让我们方便快捷地共享网络资源以及进行信息交流。在学习创建网站、制作网页之前,需要先认识一下网页,了解网页的构成。

项目分析

该项目首先浏览几个精品网站,然后对这些网站的主页进行分析,了解网页的布局结构、色彩搭配、视觉效果,最后总结出构成网页的基本元素。因此,本项目可分解为以下任务:

任务1 打开网页并分析布局

任务2 了解构成网页的基本元素

项目目标

- 掌握打开网页的方法
- 了解网页的布局结构、色彩搭配以及视觉效果
- 熟悉构成网页的基本元素

任务1 打开网页并分析布局

操作步骤

①启动 IE 浏览器,在地址栏中输入新浪网的网址:www.sina.com.cn,并按回车键打开该网站,如图 1-1 所示。

②该网页内容丰富,给人以清新、明快、温馨的感觉。首页的整体布局为上、中、下 3 个大板块,下半部的主体内容又分为左、中、右 3 个板块。颜色以黄色和蓝色为主。各板块按类别进行分布,布局合理。导航栏为黑色,背景为白色,引人注目。

贴心提示

要想上网浏览网站,首先启动浏览器 Internet Explorer(简称 IE)或者 Netscape Navigator,然后在地址栏中输入相应的网址并按回车键,就可以浏览该网站的主页。

③下面再分析享誉世界的 IT 优秀企业联想集团网站。在地址栏中输入联想集团的网址:www.lenovo.com.cn,并按回车键打开该网站,如图 1-2 所示。

④该网页给人简洁大方、直观明快的感觉。网页整体布局分为上下两大块,上部分的连续 5 张图片切换动画效果体现了联想集团的理念、品质,以及集团最近的新产品和促销活动;下部分的内容分为左、中、右 3 个板块,以图片的形式分别给出了集团生产的不同类型产品的链接。该网页背景以白色为主,颜色清新明快;导航栏以深蓝色和白色搭配,对比强烈,

图 1-1 新浪网首页

图 1-2 联想集团网站主页

引人注目;二级导航采用弹出式横向排列。单击中右部黄色链接"更多文章",可以打开关于公司情况介绍的页面,如图 1-3 所示,从中可以了解该公司的具体情况。

图 1-3 联想集团情况介绍页面

贴心提示

如果不知道某个网站的网址,可以利用搜索引擎网站进行搜索。方法是:先打开搜索引擎网站,然后在搜索引擎的检索框中输入需要查询网站的关键词,再单击【搜索】按钮或按回车键就会列出许多与关键词相关的网站标题条目,在所列出的条目中找到所需网站的标题并单击就可以打开该网站,此时该网站的网址也就知道了。

常用的搜索引擎网站有:百度网(www.baidu.com),谷歌网(www.Google.com),搜狐网(www.sohu.com),网易网(www.163.com),新浪网(www.sina.com.cn)。

任务2 了解构成网页的基本元素

操作步骤

①通过浏览网页可以知道,网页主要的内容是文本,然后加上丰富多彩的图像、制作精美的动画、引人注目的导航条、动听的音乐、炫目的视频以及各种超级链接。

②对于布局规范的网页,还应该包括表格、框架;对于具有交互功能的动态网页,还应该包括表单。

③除此之外,还包括横幅广告、字幕、悬停按钮、日戳、计数器、JavaApplet 等元素。

知识百科

1. 网页基础知识

1) Internet(因特网)

Internet 是一个全球性的计算机互联网络,简称"互联网",它是由不同地区、不同规模的网络相互联接而成的,如图 1-4 所示。

在 Internet 上,用户可以足不出户尽情浏览世界各地的信息,尽享网络资源。可以与朋友聊天、给远方的朋友发送电子邮件,进行网络购物、网上银行支付、网上炒股、看网上视频、听网上音乐、玩网络游戏等,如图 1-5 所示。

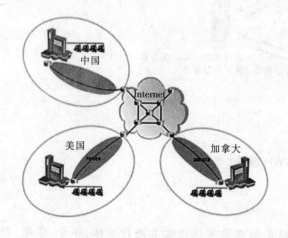

图 1-4　Internet 示意图

图 1-5　使用 Internet

2)网站

网站又称为 Web 站点,是指在网络上根据一定的规划,使用网页开发软件制作的用于展示特定内容的相关网页的集合,其中的第一页为首页。在互联网上,信息一般通过一个个网页呈现出来,网站设计者们将需要提供的内容和服务制作成多个网页,经过组织和规划,让这些网页相互链接在一起,从而形成网站,最后将其上传并发布到 Web 服务器上,此时用户就可以通过 Internet,利用浏览器来访问这个网站了。

3)网页

网页又称为 HTML 文档,是一种可以在 Internet 上传输,能被浏览器识别并翻译成页面,从而显示出来的文件。用户看到的网页大都是以.html 或.htm 为扩展名的文件。当计算机用户在浏览器的地址栏中输入网址后见到的第一个页面为该网站的主页即首页,它是网站所有网页的索引页,通过单击该页面的超级链接可打开其他网页。

4)WWW 服务

WWW 是"World Wide Web"一词的缩写,其含义是全球网,也称为万维网。该网是以 HTTP 超文本传输协议为基础,提供面向 Internet 的信息查询服务。WWW 服务可以让用户使用统一的界面来浏览、查询 Internet 上的各种信息。

WWW 在服务上采用的是客户机/服务器模式,用户创建的网站及网页都存放在 Web 服务器上,当用户使用特定的 Web 客户端,即浏览器程序,请求访问 Web 服务器上的信息时,Web 服务器接受并处理用户请求,然后向浏览器发送所要求的内容供用户浏览。Web 服务器主要负责处理浏览器的请求。WWW 服务的工作原理如图 1-6 所示。

从技术上讲,WWW 包含 3 个基本的组成部分:URL 统一资源定位器(即网址)、HTTP 超文本传输协议、HTML 超文本标记语言。

2. 构成网页的基本元素

网页由文本、图像、动画、超级链接等基本元素构成。为今后方便读者运用这些元素制

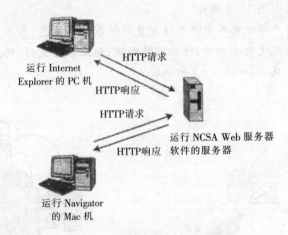

图 1-6　WWW 服务工作原理

作网页,这里将对它们进行详细介绍。

1) 文本

网页中内容最多的就是文本,用户可以根据需要对这些文本进行字体、字号、字型、颜色、底纹、边框等属性进行设置。

⏰ 贴心提示

建议用于网页正文的文本,字号不要太大,也不要使用过多的字体。中文文本一般使用宋体,字号一般使用 9 磅或 12 像素即可。

2) 图像

丰富多彩的图像是美化网页必不可少的元素。用于网页上的图像一般为 JPG 格式或 GIF 格式。网页中的图像主要是用于点缀标题的小图片、介绍性的照片、代表企业形象或栏目内容的标志性图片,即 Logo,以及用于营销宣传的广告,即 Banner 等形式。

3) 超级链接

超级链接是网页的主要特色,它是从一个网页到另一个网页的链接。它也可以是相同网页的不同位置、一个下载的文件、一幅图片、一个 E-mail 地址等。用于超级链接的可以是文本、按钮、图片,当用鼠标指向超级链接时,鼠标指针会变成小手的形状。

4) 导航条

导航条是一组超级链接,用来方便地浏览网页、站点。导航条一般由多个按钮或文本链接组成。

5) 动画

动画是网页中最活跃的元素,制作精美、创意出众的动画是吸引浏览者眼球的有效方法之一。但是,如果网页中动画太多,也会物极必反,使人眼花缭乱,进而使用户产生视觉疲劳。

6) 表格

表格是 HTML 语言中的一种元素,主要用于网页内容的布局、组织整个网页的外观。通过表格可以精确地控制各个网页元素在网页中的位置。

7）框架

框架是网页的一种组织形式，它将相互关联的多个网页的内容组织在一个浏览器窗口中显示。譬如，网页设计者可以在一个框架内放置导航条，而在另一个框架中的内容可以随着单击导航条中的不同链接而改变。

8）表单

表单是用来收集访问者信息或实现用户与网页交互的网页。浏览者填写表单的方式有输入文本、选中单选框或复选框、从下拉菜单中选择选项等。

网页中除了上述元素外，还包括音频、视频、横幅广告、字幕、悬停按钮、日戳、计数器、JavaApplet 等基本构成元素。

项目小结

通过浏览精品网站，我们知道了 Internet 是全球互联网络，网站是由若干个网页组成的，而构成网页的基本元素有文本、图像、动画、超级链接、导航条、音频、视频、表格、框架、表单等。

项目 2 制作我的第一个网页

项目描述

无论采用哪种网页开发软件制作的网页，均可以查看其 HTML 源代码。因此，HTML 是构成网页文档的主要语言。本项目采用 HTML 代码来制作我们的第一个简单的网页。

项目分析

本项目首先查看网易网首页的 HTML 源代码，然后在记事本中利用 HTML 来制作一个简单的网页并浏览该网页，接着在 Dreamweaver CS3 中打开该网页，对其 HTML 源代码进行修改并浏览，最后在 Dreamweaver CS3 中，创建空白网页并利用 HTML 制作另一个网页。本项目可分解为以下任务：

任务 1 查看网易网首页 HTML 源代码

任务 2 在记事本中利用 HTML 制作网页

任务 3 在 Dreamweaver CS3 中修改网页的 HTML 代码

任务 4 在 Dreamweaver CS3 中利用 HTML 制作网页

项目目标

- 了解 HTML 文档的基本结构
- 掌握在记事本中使用 HTML 制作简单网页的方法
- 掌握 Dreamweaver CS3 的工作窗口
- 掌握在 Dreamweaver CS3 中使用 HTML 制作网页的方法

任务1 查看网易网首页 HTML 源代码

操作步骤

①在桌面上双击 IE 浏览器图标，打开 IE 浏览器窗口，在地址栏中输入网易网网址 http://www.163.com 并按回车键，在 IE 浏览器中打开网易网主页，如图1-7所示。在这里用户可以浏览新闻、发送邮件、查询资料等。

图1-7 网易网主页

②执行【查看】→【源文件】命令，在打开的记事本中显示当前网页对应的 HTML 源代码，如图1-8所示。

图1-8 网页源代码

任务2 在记事本中利用 HTML 制作网页

操作步骤

①在 F 盘根目录下新建文件夹 sitelx1，将"素材"文件夹"单元1"中的内容复制到

sitelx1 文件夹中,执行【开始】→【所有程序】→【附件】→【记事本】命令,打开记事本,在记事本中输入 HTML 代码,如图 1-9 所示。

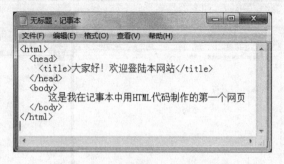

图 1-9　记事本中的 HTML 代码

⏰ **贴心·提示**

在制作网页时,站点的目录不能使用中文,否则会导致超级链接的失败。在站点文件夹下,网页图片是存放在 image 文件夹下的。

②执行【文件】→【保存】命令,弹出"另存为"对话框,选择保存位置为 F:\ sitelx1,文件命名为"Web1.html",保存类型为"所有文件",如图 1-10 所示,单击"保存"按钮。

③打开 F:\ sitelx1 文件夹,双击 Web1.html 文件打开浏览器并浏览该网页,如图 1-11 所示。

图 1-10　"另存为"对话框

图 1-11　浏览 Web1.html 网页

🔘 **任务 3　在 Dreamweaver CS3 中修改网页 HTML 代码**

操作步骤

①执行【开始】→【所有程序】→【Adobe Dreamweaver CS3】命令,打开 Dreamweaver CS3 工

作窗口,执行【文件】→【打开】命令,打开 F:\ sitelx1\Web1.html 文件,如图 1 - 12 所示。

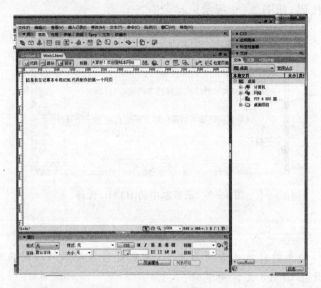

图 1 - 12 在 Dreamweaver 中打开 Web1.html 网页

②单击文档工具栏上的"代码"按钮,切换到 Dreamweaver CS3 的"代码"视图,对以上代码进行修改,如图 1 - 13 所示。

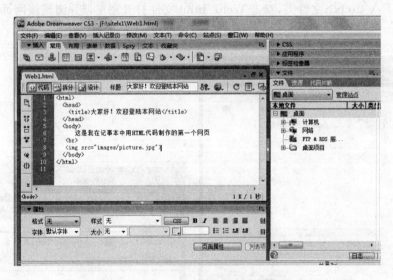

图 1 - 13 Dreamweaver CS3 代码视图

③单击文档工具栏上的"设计"按钮,切换到"设计"视图,按 F12 键保存并预览网页,如图 1 - 14 所示。

图 1－14　修改后 Web1.html 网页预览效果

任务4　在 Dreamweaver CS3 中利用 HTML 制作网页

操作步骤

①在 Dreamweaver CS3 中,执行【文件】→【新建】命令,打开"新建文档"对话框,如图 1－15 所示。

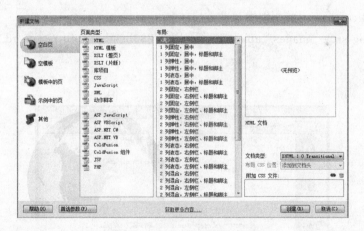

图 1－15　"新建文档"对话框

②选择"空白页"的"HTML"选项,在"布局"列表栏中选择"无"选项,然后单击"创建"按钮创建一个空白网页。

③单击文档工具栏上的"代码"按钮,切换到 Dreamweaver CS3 的"代码"视图,如图 1－16 所示。

④在视图窗口中将"无标题文档"改为"大自然",在<body>和</body>之间输入以下代码,效果如图 1－17 所示。

$\quad$<table width="380"height="220"border="1"align="center">

11

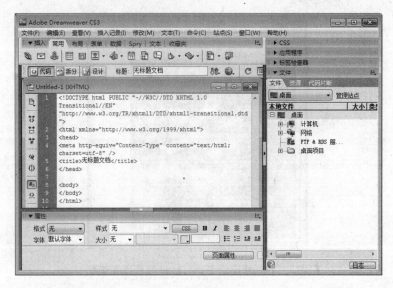

图 1-16 "代码"视图

```
<tr align="center">
<td><a href="Web1.html">我的网页</a></td>
<td><a href>=http://www.163.com>网易</a></td>
</tr>
<tr>
  <td colspan='2'>蝴蝶与花<br>
  <img src="images/tupian.jpg"width=230height=140 /></td>
</tr>
</table>
```

图 1-17 输入代码后的"代码"视图

⑤单击文档工具栏上的"设计"按钮,切换到"设计"视图;执行【文件】→【保存】命令,在打开的"另存为"对话框中将文件保存到 F:\sitelx1 文件夹下,文件命名为 web2.html;单击

"保存"按钮保存该文件；按 F12 键预览网页，效果如图 1－18 所示。

图 1－18　Web2. html 网页预览效果

📖知识百科

Adobe Dreamweaver CS3 是一款专业的网站开发工具软件，它具有强大的功能、简便的操作工具及友好的工作窗口，已经被越来越多的网页设计者和网站开发人员所使用。

Adobe Dreamweaver CS3 集网页设计、网站开发和站点管理功能于一身，具有可视化、跨浏览器和支持多平台的特性，利用该软件还可以开发功能强大、高效的动态交互式网站。

1. Dreamweaver CS3 的启动和退出

1）启动 Dreamweaver CS3

当 Dreamweaver CS3 安装完成后，就会在 Windows 的【开始】→【所有程序】子菜单中建立"Adobe Dreamweaver CS3"菜单项。单击【开始】→【所有程序】→【Adobe Dreamweaver CS3】命令，如图 1－19 所示，或者双击桌面上或任务栏中的"Dreamweaver CS3"快捷图标 **Dw**，即可启动 Dreamweaver CS3 应用程序，进入 Dreamweaver CS3 的启动界面，如图 1－20 所示。

⏰贴心提示

在进入 Dreamweaver CS3 工作窗口后，执行【编辑】→【首选参数】命令，在打开的【首选参数】对话框中，将"常规"类中"文档"选项栏中的"显示欢迎屏幕"复选框的勾选去掉，当再次启动 Dreamweaver CS3 后将不会再打开 Dreamweaver CS3 的启动界面。

2）退出 Dreamweaver CS3

退出 Dreamweaver CS3 的方法有以下 4 种：

方法 1　单击 Dreamweaver CS3 窗口中的【关闭按钮】**✖**。

方法 2　双击标题栏左侧的【控制窗口】图标 **Dw**。

13

方法 3 在 Dreamweaver CS3 窗口中,执行【文件】→【退出】命令。

方法 4 按下快捷键【Ctrl＋Q】或者组合键【Alt＋F4】。

图 1 - 19 启动 Dreamweaver CS3

图 1 - 20 Dreamweaver CS3 启动界面

2. 初识 Dreamweaver CS3 工作窗口

单击 Dreamweaver CS3 启动界面"新建"栏中的"HTML",即可进入如图 1 - 21 所示的 Dreamweaver CS3 工作窗口。可以看到 Dreamweaver CS3 的工作窗口主要包括标题栏、菜单栏、插入栏、文档工具栏、文档窗口、状态栏、属性面板和面板组等。

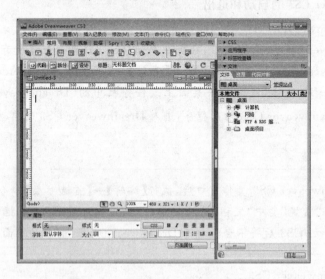

图 1 - 21 Dreamweaver CS3 工作窗口

1) 标题栏

标题栏位于窗口的顶端。左侧显示启动的 Dreamweaver CS3 的图标 **Dw** 和名称,右侧显示程序窗口控制按钮,从左到右依次为【最小化】按钮 ▭ 、【最大化】按钮 ▭ 和【关闭】按钮 ▨ 。它们是 Windows 窗口共有的。

2) 菜单栏

与其他应用软件一样,Dreamweaver CS3 也包括一个提供主要功能的菜单栏。要想打开某项菜单,既可以使用鼠标单击该菜单项,也可以同时按下 Alt 键和菜单名中带下画线的字母键。Dreamweaver CS3 的菜单栏如图 1-22 所示。

文件(F)　编辑(E)　查看(V)　插入记录(I)　修改(M)　文本(T)　命令(C)　站点(S)　窗口(W)　帮助(H)

图 1-22　Dreamweaver CS3 的菜单栏

其中:

- ●"文件"菜单:用于新建、打开、保存、预览文档、转换文档格式和检查文档兼容性等。
- ●"编辑"菜单:用于基本编辑操作的标准菜单命令。
- ●"查看"菜单:用于切换文档的各种视图,显示或隐藏不同类型的页面元素及工具。
- ●"插入记录"菜单:用于向页面中插入各种页面元素以及创建超链接。
- ●"修改"菜单:用于设置页面属性及更改选定页面元素的属性。
- ●"文本"菜单:用于设置文本及段落的格式。
- ●"命令"菜单:该菜单提供了对各种命令的访问,包括根据格式参数的选择来设置代码格式、创建网站相册等。
- ●"站点"菜单:提供了有关创建、编辑站点的命令,用于管理当前站点中的文件。
- ●"窗口"菜单:用于设置工作区布局和各种面板的打开和关闭。
- ●"帮助"菜单:用于提供有关该软件操作的帮助信息。

⏰ **贴心提示**

每个菜单项右边的英文字母,是该项命令的快捷键,使用快捷键同样可以执行每项菜单命令。

3) 插入栏

插入栏包含用于创建和插入对象的按钮,当鼠标指针指向某一按钮上时就会出现一个有关该工具的提示,其中含有该按钮的名称。Dreamweaver CS3 的插入栏如图 1-23 所示。

▼插入　常用　布局｜表单｜数据｜Spry｜文本｜收藏夹

图 1-23　Dreamweaver CS3 的插入栏

其中:

- ●"常用"选项:用于创建和插入常用的对象。
- ●"布局"选项:用于插入表格、框架、Div 标签、Spry 构件以及表格的两种视图:标准视图和扩展视图的选择。
- ●"表单"选项:用于创建表单和插入表单元素,包括 Spry 验证构件。
- ●"数据"选项:用于插入 Spry 数据对象和其他动态元素,譬如记录集、重复区域、插入记录表单和更新记录表单。

● "Spry"选项：用于插入构建 Spry 页面的按钮以及 Spry 数据对象和构件。

● "文本"选项：用于插入各种文本格式和列表格式的标签，譬如 b、em、p、hl、ul 等。

● "收藏夹"选项：用于将插入栏中经常使用的按钮以分组形式组织到某一公共位置。

4）文档工具栏

在文档窗口的顶端为文档工具栏，从左到右是快速切换视图模式的按钮、与查看文档和在本地与远程站点之间传输文档有关的一些命令和选项。Dreamweaver CS3 的文档工具栏如图 1-24 所示。

图 1-24　Dreamweaver CS3 的文档工具栏

其中：

● "标题"文本框 无标题文档 ：用于为文档输入一个标题，当浏览网页时标题将显示在浏览器的标题栏上。新建一个文档时，默认的文档标题是"无标题文档"。

● "文件管理"按钮 ：单击按钮后的下三角可以显示"文件管理"下拉菜单，用于完成文件的上传和下载等操作。

● "在浏览器中预览/调试"按钮 ：单击按钮后的下三角可以显示下拉菜单，从中可以选择一种浏览器预览或调试文档。

● "刷新设计视图"按钮 ：可以在代码视图中更新文档后，来刷新文档的设计视图。

● "可视化助理"按钮 ：单击按钮后的下三角可以显示下拉菜单，从中可以使用各种可视化助理来设计页面。

● "检查浏览器兼容性"按钮 检查页面 ：用于检查 CSS 是否对各种浏览器均兼容。

5）文档窗口

文档窗口即窗口中白色的区域，用于显示当前打开的文档的内容，用户可以在这里进行网页的编辑制作。文档窗口分为代码视图、设计视图和二者兼有的拆分视图 3 种视图模式。

其中：

● 设计视图：该视图是文档窗口的默认视图模式。在该视图下用户可以直接看到网页的编辑效果，当网页经过编辑和排版后的效果与浏览器显示的效果完全一致。设计视图如图 1-25 所示。

● 代码视图：该视图以网页的源代码方式显示，与浏览器显示的效果不同。代码视图如图 1-26 所示。

● 拆分视图：该视图可在同一个窗口中同时看到同一个文档的"代码"视图和"设计"视图，如图 1-27 所示。

6）状态栏

状态栏位于文档窗口的底部，其左边为标签选择器，右边提供了与当前文档有关的信息和工具。标签选择器一般以 HTML 标记来显示页面对象的信息，用户通过它可以选择各种页面元素。譬如，当单击＜body＞标签时就可以选择整个网页内容。Dreamweaver CS3 的状态栏如图 1-28 所示。

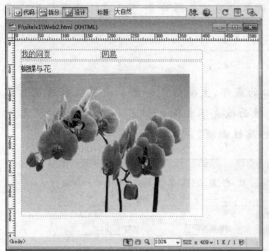

图 1-25　设计视图

图 1-26　代码视图

图 1-27　拆分视图

图 1-28　状态栏

17

🕐**贴心·提示**

用鼠标右键单击任一标签,在弹出的快捷菜单中通过选择命令可以对标签进行删除或编辑等操作。

7) 属性面板

属性面板位于 Dreamweaver CS3 工作窗口的底部,主要用于查看和设置当前选定对象的各种属性。对于不同的页面元素其对应的属性面板也不相同。如图 1-29 所示为文本元素的属性面板,而图 1-30 所示则为图像元素的属性面板。

图 1-29 文本的属性面板

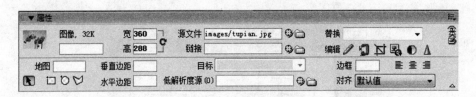

图 1-30 图像的属性面板

8) 面板组

Dreamweaver CS3 工作窗口的右边为放置面板组的地方,这里包含许多不同的面板,每个面板都可以展开或折叠。面板组如图 1-31 所示。

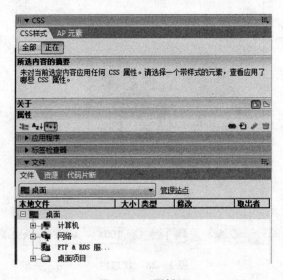

图 1-31 面板组

⏰ **贴心·提示**

关闭或打开面板可以通过"窗口"菜单来完成。另外,用户在编辑网页时,若想扩大文档窗口的大小,可以通过单击面板组与文档窗口间的"隐藏/显示面板组"按钮▶,将所有面板隐藏;若再单击按钮◀,则将所有面板显示出来。

3. HTML 基础知识

1) HTML 概述

HTML 是超文本标记语言 Hypertext Marked Language 一词的缩写。该语言是目前网络上应用最为广泛的一种语言,也是构成网页最主要的语言。只有采用 HTML 语言制作的网页才能在浏览器中浏览和运行。

使用 HTML 语言制作网页的方法有以下 2 种:

方法 1 使用记事本之类的工具来输入 HTML 源代码,然后保存为以 .html 或 .htm 为扩展名的文件。

方法 2 使用可视化网页制作软件,如 Dreamweaver、FrontPage,根据用户的可视化操作自动生成 HTML 代码。

2) HTML 文档的基本结构

一个 HTML 文档是由一系列的元素和标记组成的,HTML 一般用标记来规定元素的属性和位置。

HTML 文档的基本结构包括头部分(head)和主体部分(body)。其中头部分用于描述浏览器所需的信息,主体部分则包含所要说明的具体内容。

其基本结构如下:

```
<html>
    <head>
    头部分的信息
    </head>
    <body>
    主体部分的具体内容
    </body>
</html>
```

这里:

● ＜html＞标记位于 HTML 文档的最前面,用来表明 HTML 文档的开始,而＜/html＞标记则位于 HTML 文档的最后面,用来表明 HTML 文档的结束,它们二者必须同时使用,缺一不可。

● ＜head＞标记与＜/head＞标记构成了 HEML 文档的开头部分,其中可以包含＜title＞与＜/title＞和＜script＞与＜/script＞标记,它们都是用来描述 HTML 文档的相关信息的标记。

● ＜body＞标记与＜/body＞标记构成 HTML 文档的主体部分,其中可以包含＜p＞与＜/p＞、＜img＞、＜br＞、＜a＞与＜/a＞等标记,它们的内容将会在浏览器中显示出来。

🕐 贴心·提示

在 HTML 文档中,所有的标记都要用尖括号<>括起来。HTML 标记是不区分大小写的,并且标记中如果包含多个参数,则各参数之间用空格分隔,而且参数位置不受限制。

3) HTML 常用标记

HTML 中常用的标记见表 1-1 所示。

表 1-1　HTML 中常用的标记

名称	格式	说明
标题标记	<title>网页的标题</title>	该标记包含在<head>与</head>标记之间,所包含的文字将显示在浏览器的标题栏中
主体标记	<body bgcolor="页面背景颜色"background="背景图像" text="文本颜色"> 主体内容 </body>	在主体中设置页面的背景颜色、背景图像、文字颜色的属性
段落标记	<p align="对齐方式">段落文本</p>	用来划分段落,在段落文本处可以输入一段文字
换行标记	 	用来标记一个换行操作,换行之后的内容与原内容仍然属于同一段落
水平线标记	<hr align="对齐方式" color="颜色" width="宽度" size="文档大小">	在页面中插入一条水平线,一般用于分割文档
图像标记	<img src="图像的 URL 地址"align="对齐方式" width="宽度" height="高度" alt="替换文字">	在页面中插入指定大小的图像
超链接标记	<a href="目标文件的 URL 地址" target="目标属性">文本或图像</a>	为标记中的文本或图像添加超链接目标,当浏览网页时单击可以打开指定的目标文件
表格标记	表格标记: <table width="宽度" height="高度" align="对齐方式" border="边框宽度" cellpadding="单元格边距" cellspacing="单元格间距">…</table> 行标记: <tr>…</tr> 单元格标记: <td rowspan="跨越行数" colspan="跨越列数">…</td>	由表格标记、行标记和单元格标记3部分组成

项目小结

　　通过使用 HTML 代码制作"我的第一个网页"的过程,认识了 HTML 代码的基本结构及常用的一些标记及使用,同时对 Dreamweaver CS3 的工作界面有了进一步的了解,为今后网页制作的学习打下基础。

知识拓展

常用网页制作工具

　　目前的网页制作专业工具越来越多,功能也越来越完善,操作也越来越简单。处理图像、制作动画、发布网站的专业软件的应用也非常广泛。

　　常用的制作网页的工具有:

　　(1) 网页制作的专业工具:FrontPage、Dreamweaver。

　　(2) 图像处理工具:Fireworks、Photoshop。

　　(3) 动画制作工具:Flash、Swish。

　　(4) 图标制作工具:Axialis IconWorkshop、IconCool Studio。

　　(5) 抓图工具:红蜻蜓抓图精灵、HyperSnap、SPX 撕边抓图工具。

　　(6) 网站发布工具:CuteFTP、WebVega、TBS·WPS。

　　下面简单介绍其中的几款工具。

　　(1) FrontPage:Microsoft 公司开发的网页制作工具,其工作窗口类似于 Word,其具有操作简单、易于上手的特点。但是其浏览器的兼容性不好,生成的垃圾代码较多。

　　(2) Dreamweaver:Macromedia 公司推出的一款专业可视化网页开发工具,其最新版本是 Dreamweaver CS5。Dreamweaver 与 Flash、Fireworks 常被称作"网页三剑客"。

　　(3) Flash:主要用于制作和编辑具有较强交互性的矢量动画,可以方便地生成.swf 动画文件,这种文件可以嵌入 HTML 内。Flash 生成的动画文件较小,可以边下载边播放,避免了用户的长时间等待。

　　(4) Fireworks:一款将矢量图形处理和位图图像处理合二为一的专业化 Web 图像处理软件,它可以对各种图像文件进行编辑和处理,也可以直接生成包含 HTML 和 JavaScript 代码的动态图像。

　　(5) Photoshop:Adobe 公司推出的一款功能强大的图像处理软件,其工作窗口简洁友好,已被广泛用于图像处理和界面设计领域。

单 元 小 结

本单元共完成 2 个项目,学完后应该有以下收获:

　　(1) 掌握构成网页的基本元素。

　　(2) 了解网页的基本知识。

　　(3) 掌握 Dreamweaver 工作窗口的使用方法。

　　(4) 掌握用 HTML 制作网页的方法。

实训与练习

1. 实训题

(1) 浏览两个自己喜欢的网站，对浏览的网页的特色和不足进行分析说明。分析的内容包括页面的结构布局、颜色搭配、导航栏的特点、文字与图片以及动画的效果等。

(2) 在记事本中利用 HTML 制作如图 1 - 32 所示的网页，并将它保存在 F:\sitelx1 文件夹中，网页文件命名为 work1. html。

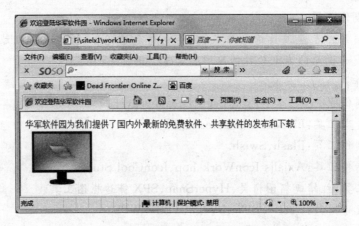

图 1 - 32　work1. html 网页文件

(3) 在 Dreamweaver CS3 中，打开 F:\sitelx1\work1. html 网页文件，在代码窗口中设置文字大小为 16 像素，字体颜色为红色，样式为粗斜体，图片宽为 300 像素，高为 2 000 像素，文件另存为 F:\sitelx1\work2. html，效果如图 1 - 33 所示。

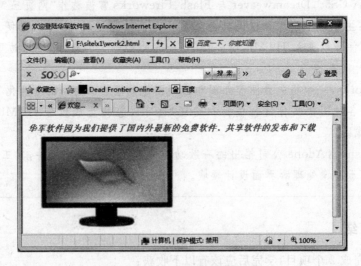

图 1 - 33　work2. html 网页文件

2. 练习题

(1) 填空题

①网页一般分为_____网页和_____网页。

②网页主要由_____、_____、_____、超级链接等基本元素构成。

③HTML是_____的缩写,意思是_____。

④常用的制作网页的专门工具有_____和_____。

⑤Dreamweaver CS3中,如果"属性"面板被隐藏,可以通过单击_____来打开。

(2) 选择题

①下面文件中属于静态网页的是(　　)。

A. index. asp B. index. jsp C. index. html D. index. php

②下列属于网页制作工具的是(　　)。

A. Photoshop B. Flash C. Dreamweaver D. CuteFTP

③网页中经常使用的2种图像格式是(　　)。

A. bmp 和 jpg B. gif 和 bmp C. bmp 和 png D. gif 和 jpg

④用于调整编辑窗口中被选中元素属性的面板是(　　)。

A. 设计面板 B. 插入面板 C. 属性面板 D. 文件面板

⑤网页图片一般是存放在所属站点的(　　)文件夹里。

A. image B. file C. other D. picture

第 **2** 单元

站点的创建与管理

本单元通过对静态网站与动态网站的观察及分析，了解静态网站与动态网站的外观、功能、开发技术等方面的区别；通过对个人网站站点的建立，掌握网站规划原则、站点的创建与编辑操作、熟悉 Dreamweaver CS3 中文件面板及资源面板的使用。

本单元由以下 3 个项目组成：

项目 1　了解网站的分类

项目 2　创建本地网站

项目 3　管理本地网站

项目 1　了解网站的分类

项目描述

人们在上网打开某网站时,会发现有的网页我们只能浏览查看,并且信息几乎不更新,不需要或者不能够输入、提交信息;而有的网站我们不仅能查看浏览,还能够输入并提交相关信息,网页内容也能及时更新。同样是网站为什么如此不同呢? 原因是网站有静态网站与动态网站之分。

项目分析

该项目首先打开"素材"文件夹"单元 2"中的 21. html 文件,然后再打开我们非常熟悉的 qq 空间,并对两者从外观、功能等方面进行分析,总结出静态网站与动态网站的异同。本项目可分解为以下任务:

任务 1　打开不同类型的网站
任务 2　分析不同网站的异同

项目目标

● 了解网站的分类
● 了解静态网站与动态网站的特点
● 掌握静态网站与动态网站的不同

任务 1　打开不同类型的网站

操作步骤

①在 F 盘根目录下新建文件夹"sitelx2",将"素材"文件夹"单元 2"中的内容复制到"sitelx2"文件夹中;打开"sitelx2"文件夹中的"21. html"文件,如图 2－1 所示。观察网页并尝试在网页上输入信息。

②观察地址栏中文件的后缀名,并尝试在网站上输入信息。结果显示,该网站不允许用户输入提交信息。网页的后缀名为 html。

③打开新浪首页,然后单击"注册通行证",打开注册页面,如图 2－2 所示。

④观察地址栏中的网址,后缀为 php;在对应的文本框中填写信息并单击"提交"按钮,显示注册成功。

图 2－1　静态网站页面

25

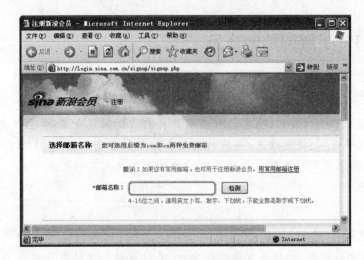

图 2-2 动态网站页面

⏰ **贴心·提示**

现在绝大多数网站都需要与用户交互或信息的实时更新,所以都需要创建为动态网站,没有纯粹的静态网站。

🔊 **任务2 分析不同网站的异同**

操作步骤

①对比以上所打开网页中地址栏的不同。静态网站地址栏的文件后缀名为 html,动态网站网页地址栏中文件后缀名为 php。

⏰ **贴心·提示**

动态网站根据开发技术不同,网页文件后缀名除了.php,还可以是.asp、.jsp 等。

②通过观察,我们知道静态网站用户与网站无法进行交互,不能填写、提交、接收数据信息;动态网站可以与用户进行交互,可以填写、提交、接收数据信息。

📖 **知识百科**

1.网站的分类

1) Web 网站工作原理

Web 网站工作属于 C/S 模式,即客户端/服务器模式。其中服务器为存储网站资源、提供服务的计算机,客户端为提出请求、接受服务,即输入网站地址发出访问请求,接受网页显示的计算机。Web 网站工作原理如图 2-3 所示。

2) Web 网站的分类

根据开发的技术不同,网站可分为静态网站、动态网站。

(1)静态网站。由静态网页构成的网站称为静态网站。

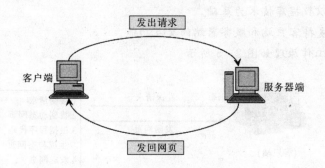

图 2 - 3　Web 网站工作原理

纯粹 HTML 格式的网页通常被称为"静态网页",网页文件中没有程序代码。静态网页文件通常以.htm 和.html 为后缀存放。

静态网页的特点是:

● 静态网站中每个网页都有一个固定的 URL,且网页 URL 以.htm、.html、或.shtml 等形式为后缀。

● 每个网页都是一个独立的文件,实实在在保存在服务器上。

● 静态网页没有数据库的支持。

● 静态网页的交互性较差。

静态网页的工作原理如图 2 - 4 所示。

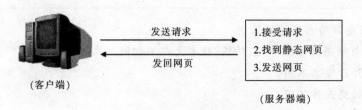

图 2 - 4　静态网页的工作原理

当用户在客户端浏览器中输入一个网址并回车后,就向服务器端发送了一个浏览网页的请求。服务器端接到请求后,就查找要浏览的静态网页文件,然后发送到用户的浏览器上并显示出来。

(2)动态网站。含有动态网页的网站称为动态网站。

动态网页不仅含有 html 标记,而且还有程序代码,网页的后缀一般根据不同的程序设计语言来定,如 ASP 文件的后缀为.asp。动态网页不仅能够根据不同的时间、不同的来访者来显示不同的内容,还可以根据用户的即时操作和即时请求来动态地显示网页内容发生的变化。

动态网页的特点是:

● 动态网页文件均是以.asp、.jsp、.php、.perl 或.cgi 等形式为后缀,并且在动态网页网址中有一个标志性的符号"?"。

● 动态网页实际上并不是独立存在于服务器上的网页文件,只有当用户请求时服务器才返回一个完整的网页。

● 动态网页以数据库技术为基础。

● 动态网页支持客户端和服务器端的交互功能。

动态网页的工作原理如图 2-5 所示。

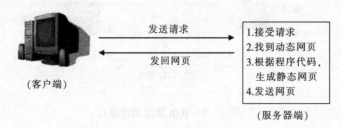

图 2-5 动态网页的工作原理

动态网页的工作原理与静态网页有很大的不同。当用户在浏览器里输入一个动态网页的网址并回车后，就向服务器端提出了一个浏览网页的请求，服务器端接到请求后，首先查找到你要浏览的动态网页文件，然后执行网页文件中的程序代码，将含有程序代码的动态网页转化为标准的静态网页，最后将静态网页发送到用户的浏览器并显示出来。

🕐 **贴心提示**

动态网站不是指具有动画功能的网站，这里的动是指与用户的交互性、信息更新的实时性等。

3) 静态网站与动态网站的区别

静态网站与动态网站从外观、功能、技术上都不相同。主要表现在：

● 网页文件后缀名不同。

● 与用户的交互性不同。

● 信息的实时更新速度不同。

● 开发技术不同。

2. 不同网站创建的方法

1) 静态网站的创建

静态网站的创建只需要在 Dreamweawer 中完成编写 HTML 代码即可，不需要更多的技术支持。

2) 动态网站的创建

动态网站的创建除了编写 HTML 代码外，还需要进行数据库设计、ASP、JSP、.net 等动态程序的编写。

项目小结

通过打开不同类型的网站及尝试操作，我们了解到根据开发技术的不同，网站可以分为静态网站和动态网站，并了解了动态网站及静态网站的区别。

项目 2　创建本地网站

项目描述

站点是用来存放一组网页的地方,一般是一个磁盘目录,在该目录中存放该网站的所有网页及有关的图片、Flash 动画、CSS 样式文件等。建立站点时,首先在计算机上新建一个文件夹,然后把制作的所有网页及图片放在此文件夹中,最后把这个目录上传到 Web 服务器上,以供互联网上的所有用户浏览。在制作网页之前,要规划、创建好网站站点。

项目分析

本项目以创建"保龄在线"网站为例,首先对网站进行分析策划,然后对站点进行规划设计和创建,最后在站点中创建网页文件。本项目可分解为以下任务:

任务 1　策划网站

任务 2　规划本地站点

任务 3　创建本地站点

任务 4　建立站点中的文件

项目目标

● 了解网站规划的步骤

● 了解站点的概念

● 掌握规划站点应遵循的原则

● 掌握本地站点的创建步骤

● 掌握在站点中建立文件的方法

任务 1　策划网站

操作步骤

在进行站点创建之前,首先对"保龄在线"网站进行分析策划。

①网站名称:保龄在线(bowling)。

②网站性质:是一个以"发展保龄球运动,提高自身素质"为目标的一个北京市保龄球协会的网站。

③未来网站浏览者特征:一切保龄球爱好者、Windows 操作系统的 PC 用户、Modem 拨号的上网用户、800×600 以上的屏幕分辨率。

④网站风格:在保龄球技术层面上达到专业水平;在网页设计上达到与众不同,充满时代感与艺术性。

⑤网站分类:网站主要分为"协会介绍""赛事公告""会员场馆""赛事招商""合作伙伴""新闻中心""人物风采""保龄课堂""活动专区"这几个大栏目,每个大栏目中又有小栏目。

⏰ **贴心提示**

一个网站分析策划工作完成之后，就可以以这个策划为基础，一步一步来进行站点的规划、创建及网页的设计与制作了。

任务 2 规划本地站点

操作步骤

①在 F 盘根目录下新建文件夹"sitelx2"，将"素材"文件夹中"单元 2"中的内容复制到"sitelx2"文件夹中，然后在该文件夹下分别新建名为 images、files、media、other、css、data 等 6 个文件夹，如图 2-6 所示。

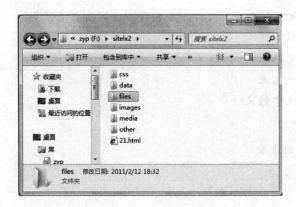

图 2-6 建立本地站点根目录

⏰ **贴心提示**

images 文件夹存放图片素材，media 文件夹存放多媒体素材，other 文件夹存放其他素材，files 文件夹存放网页文件，data 文件夹存放网站数据，css 文件夹存放模板文件。

②打开 files 文件夹，分别新建名为 xhjs、ssgg、hycg、sszs、hzhb、xwzx、rwfc、blkt、hdzq 9 个文件夹，如图 2-7 所示，分别对应上面的 9 个大栏目，存放它们各自的内容。

任务 3 创建本地站点

操作步骤

①执行【开始】→【所有程序】→【Adobe Dreamweaver CS3】命令，打开 Dreamweaver CS3 工作窗口，在右侧的"文件"面

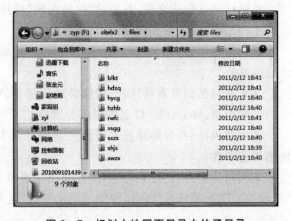

图 2-7 规划本地网页目录中的子目录

板中,单击"管理站点"选项,如图 2 - 8 所示。

　　❷在弹出的【管理站点】对话框中,单击【新建】按钮,在弹出的下拉菜单中选择"站点"命令,如图 2 - 9 所示。

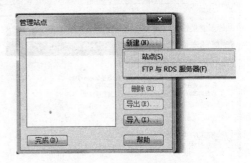

图 2 - 8　"文件"面板　　　　　　　图 2 - 9　【管理站点】对话框

　　❸在弹出的【站点定义】对话框中,输入已经策划好的网站名称,即"保龄在线",如图 2 - 10 所示。

　　❹单击"下一步"按钮,选择【是,我想使用服务器技术】;在【哪种服务器技术?】下拉列表中选择【ASP VBScript】选项,如图 2 - 11 所示。

图 2 - 10　设置站点名称　　　　　　图 2 - 11　设置服务器技术

🕐**贴心提示**

　　选择【否,我不想使用服务器技术】表示该站点是静态站点,选择【是,我想使用服务器技术】表示该站点是动态站点。选择后者时对话框中会出现【哪种服务器技术?】下拉列表,在实际操作中,可根据需要选择所需要的服务器技术。

　　❺单击【下一步】按钮,在对话框中选择【在本地进行编辑和测试(我的测试服务器是这台计算机)】单选按钮,然后设置站点存储的位置为 F:\site1x2\,如图 2 - 12 所示。

　　❻单击【下一步】按钮,在【您应该使用什么 URL 来浏览站点的根目录?】文本框中输入

站点的 URL,如图 2-13 所示。然后单击【测试 URL(T)】按钮,如果出现测试成功提示框,说明本地 IIS 正常;如果不成功,说明 IIS 存在问题。

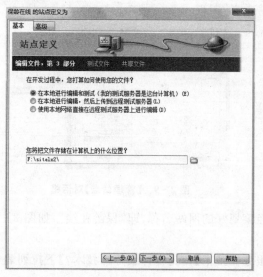

图 2-12 选择使用方式及站点存放的位置　　　　图 2-13 定义浏览站点的根目录

⑦单击【下一步】按钮,在弹出的对话框中选择【否】选项,如图 2-14 所示。

⑧单击【下一步】按钮,弹出站点定义总结对话框,表明设置已经完成,如图 2-15 所示;单击【完成】按钮返回【管理站点】对话框;此时"保龄在线"将出现在对话框中,如图 2-16 所示,单击【完成】按钮结束站点的创建。

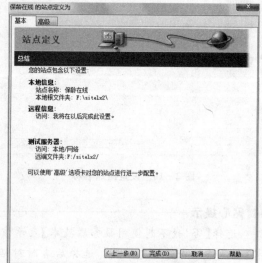

图 2-14 设置是否使用远程服务器　　　　　　图 2-15 站点定义总结

⑨单击 Dreamweaver CS3 工作窗口右侧的"文件"面板,将显示出刚才创建的"保龄在线"站点的结构,如图 2-17 所示。

图 2-16　【管理站点】对话框

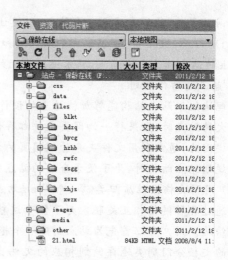

图 2-17　站点的结构

任务 4　建立站点中的文件

操 作 步 骤

①在"文件"面板中选择"保龄在线"站点,显示出站点结构;单击根目录,再在空白处单击右键,从弹出的快捷菜单中选择"新建文件"命令,新建一个文件名为 index. asp 的文件,如图 2-18 所示。

贴心·提示

网站的首页文件一般以 index 命名,且直接存放在站点根目录下。此处 index. asp 为保龄在线的首页文件。

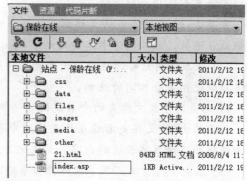

图 2-18　在站点中建立首页文件

②利用相同的方法,在 files 子目录中建立其他网页文件。

知识百科

网站的规划

1) 网站规划的步骤

在建立网站之前必须对网站进行一个详细的规划,网站的一般规划步骤为:

①网站的策划。

②站点的规划。

③站点的创建。

④站点中文件的建立。

2) 站点的概念

站点是放置网站上所有文件的地方,每一个网站都有自己的站点。在使用 Dreamweaver 制作网站之前，最好先建立一个站点，以便让 Dreamweaver 知道存放站点的位置。

在 Dreamweaver 中，可以创建本地站点和远程站点。在本机上进行开发没有联接到 Internet 上的站点称为本地站点，将本地站点上的文件上传到 Internet 上形成远程站点。

3）站点的结构规划

合理地组织站点结构能够加快站点的设计，提高工作效率，节省工作时间。尤其是管理规模较大的站点时，如果将一切网页文件都存储在一个目录下，会给页面的统筹管理带来诸多不便。因此，通常利用文件夹来管理网页的文档及相关元素。

在规划站点结构时，为了便于今后的站点维护与更新，建议遵循以下站点规划原则：

（1）网页文档按性质归类。一个 Web 站点实际包含了一系列的文档组合，而且这些文档之间通过各种链接相互关联。为了便于这些文档的管理，通常用文件夹来构建这些文档的合理结构。用户可以首先为站点创建一个根文件夹，然后在其中创建多个文件夹，将文档站点中的文档分门别类地存储到相应的文件夹下。这样的组织方式使得站点的结构清晰，层次分明，便于设计人员操作，也便于站点维护人员对其进行有效的维护。

（2）合理存储站点资源。由于网页文档中通常还有除文字以外的元素（如图像、声音、动画等），为了便于资源的组织和查找，通常将它们与网页文档分开存放。在实际操作中，常常按照下面两种方法进行页面的存放：

方法 1 将站点所有的图像、声音、动画等文件存储到一个共用的资源（assets）文件夹中。这样做的好处是便于统一管理。根据实际情况，该文件夹下还可以创建子文件夹，按照不同资源类型进行分别存储。

方法 2 为不同类型的文档都创建一个资源文件夹，然后在其中按资源类型分门别类地存储站点资源。如在网络书店的网站中，编者就是采取这种方式来管理的。

（3）让本地网站与远程网站使用相同的结构。站点设计人员所设计的本地站点和远程站点应该使用完全相同的结构。

4）站点文件及文件夹的命名规则

合理的文件、文件夹名称在站点规划中也是较重要的，一个好的名称很容易让人理解，一看就能知道网页要表述的内容。站点文件及文件夹的命名一般要遵守以下几个规则：

（1）不能含有中文。很多网络操作系统和网络浏览器不支持中文。

（2）应该注意区分大小写。在 UNIX 操作系统中是要区分大小写的，如 index. htm 和 index. HTM 会被 Web 服务器视为不同的两个文件。

（3）名称应该容易理解。通过名称让别人从名字中就可以知道文件或文件夹的大致内容。

（4）名称不能过长。某些操作系统不支持太长的文件名。

贴心提示

在命名文件及文件夹时，如果实在对英文不熟悉，可以用汉语拼音的首字母作为文件的名称。例如："公司"文件夹可以命名为 company 或 gongsi。

如果站点内容过多，文件名确实很长，用户可以使用编号来命名文档，然后再建立一张索引表以便查阅。

项目小结

通过对"保龄在线"网站站点的规划,我们了解了站点规划对于整个网站的重要性、站点的结构规划及站点文件及文件夹命名的规则;通过对该网站的站点创建熟悉了创建本地站点的步骤。

项目3　管理本地网站

项目描述

建立本地站点后,在很多时候需要对站点进行新的设置、删除某个站点、复制某个站点等操作,有时还需要导入或导出站点文件,这些都属于对本地站点的管理。本项目将学习如何管理本地站点。

项目分析

该项目对项目2中创建的本地站点"保龄在线"进行编辑、复制、删除等操作,然后导出该站点,最后导入站点文件。本项目可分解为以下任务:

任务1　管理本地站点

任务2　导出与导入站点文件

项目目标

● 掌握站点的编辑、复制、删除等管理操作

● 掌握站点的导出及导入操作

任务1　管理本地站点

操作步骤

①打开【文件】面板,在左侧下拉列表中选择【管理站点】选项,如图2-19所示。

②在打开的【管理站点】对话框中,选择本地站点"保龄在线",如图2-20所示。

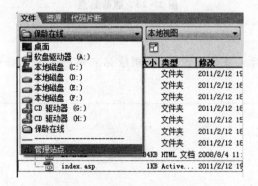

图2-19　选择【管理站点】选项

图2-20　【管理站点】对话框

❸单击【编辑】按钮,弹出【站点定义】对话框,如图 2-21 所示。此时可以对站点名称、服务器技术、文件存储位置等信息进行新的设置,设置过程与创建过程类似,不同之处在于编辑是对已有信息的修改。

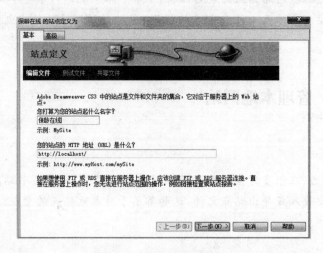

图 2-21 【站点定义】对话框

❹单击【复制】按钮,在【管理站点】对话框的站点列表中将出现一个新的站点"保龄在线 复制",如图 2-22 所示。

❺在【管理站点】对话框中的站点列表中选择"保龄在线 复制"站点,单击【删除】按钮,将弹出删除确认对话框,如图 2-23 所示。单击【是】按钮,将删除"保龄在线 复制"站点。

图 2-22 复制站点

图 2-23 删除站点

⏰**贴心·提示**

站点删除操作不能够撤销,即站点删除后无法恢复。因此,删除站点前一定要选择好,以免不小心删除掉不该删除的站点。

🌐 **任务2 导出与导入站点文件**

操作步骤

❶打开【文件】面板,在左侧下拉列表中选择【管理站点】选项,打开【管理站点】对话框;

选择本地站点"保龄在线",单击【导出】按钮,弹出【导出站点】对话框;将站点文件保存在F:\sitelx2下,如图 2-24 所示。

②按照任务 1 中步骤 5 的方法删除"保龄在线"本地站点,此时【管理站点】对话框如图 2-25所示。

图 2-24　【导出站点】对话框　　　　　　　图 2-25　【管理站点】对话框

③在【管理站点】对话框中单击【导入】按钮,弹出【导入站点】的对话框;选择 F:\sitelx2文件夹下的"保龄在线.ste"文件,如图 2-26 所示。

④单击【打开】按钮,在【管理站点】对话框的站点列表中将出现导入的"保龄在线"站点,如图 2-27 所示。

图 2-26　【导入站点】对话框　　　　　　　图 2-27　【管理站点】对话框

知识百科

1. 站点的管理

站点管理包括对站点的编辑、复制、删除、导出与导入等操作。

1）站点的编辑

站点创建完成后，根据情况的变化，可能一些设置需要更改，这时就需要对站点进行编辑操作。

站点的编辑是对原有站点的修改，修改的内容包括站点的名称、本地根文件夹、默认图像文件夹等。

2）站点的复制

在实际工作中，根据需要可能会创建多个站点，但不是所有的站点都必须从头到尾重新设置一遍。如果新建站点和已经存在的站点的许多参数相同，就可以通过原有站点的复制操作得到一个新的站点，然后再对其进行编辑。

站点的复制是指对现有站点的备份，备份站点的名称为"原有站点名 复制"，除了站点名不同外，其他设置与原站点一致，用户对得到的新站点可以进行编辑操作。

3）站点的删除

使用 Dreamweaver CS3 开发网站时，经常会创建多个站点，随着时间的推移或工作的变化，有些站点不再使用，需要对这些站点进行删除操作。

站点的删除是指删除不使用的站点，该操作不能够恢复。在 Dreamweaver 中将站点删除，站点对应的根目录及其所有子目录、文件依然存在。

4）站点的导出与导入

如果重新安装 Dreamweaver 系统，原有站点的设置信息就会丢失，这时需要重新创建站点；或者在其他计算机上编辑同一个站点时也需要重新创建站点。这样不仅增加了许多不必要的重复操作，而且也可能设置得不一致。

站点的导出与导入操作可以解决上述问题。站点的导出操作是导出包含站点所有设置的站点文件；站点的导入操作是将站点文件导入，得到与原有站点设置完全一致的新站点。

2. 网站中文件的管理

1）文件的存储规则

为了便于网站的管理，网站文件的存储应该遵循整体性、分层性、分类性、稳定性等规则。

（1）整体性。整体性是指网站所用的所有素材文件、网页文件、脚本文件等都必须存放在网站根目录下。这样可以保证网站的上传或移动时不会导致相关文件的丢失。

（2）分层性。分层性要求网站文件结构应该成树状结构，文件夹应该具有级别之分。

（3）分类性。分类性要求网站文件除了按照不同级别存放外，还要遵循同类文件存放于同一个文件夹下。文件的分层性和分类性使得网页文件的存放有条不紊，便于管理。

（4）稳定性。稳定性要求网站文件在使用之前把存储位置选择好，使用过程中或使用后不能够再更改文件的存放位置。主要原因是因为在素材的插入、网页的链接时使用的均为相对路径，如果文件位置发生变化，相对路径也随之改变，就会导致找不到素材或链接错误，此时必须对引用该文件的所有网页进行路径修改。

2）文件的命名规则

网站中文件的名称不能包含中文，不能太长，否则在引用的路径中会出现乱码，使得网页无法正常显示。另外，网站中的文件名称应该具有一定的含义，也就是说通过文件名用户能看出文件的大致内容，这样有利用文件的使用和管理。

3."文件"面板和"资源"面板的使用

1)"文件"面板的使用

"文件"面板主要用来查看和管理站点文件。

在创建了"保龄在线"站点后,在"文件"面板上用户能够看到站点的组织结构,可以展开、折叠文件夹,也可以在某个文件夹下新建网页文件。

利用"文件"面板也可以在站点中创建文件夹。在前面介绍的是先创建文件夹,再创建站点,实际上也可以先创建站点,再在站点中添加文件夹。在"文件"面板中创建站点文件夹的方法与新建文件类似,不同之处在此选择的是【新建文件夹】命令。

2)"资源"面板的使用

"资源"面板主要用来管理站点中的各种元素,包括图片、视频、动画等资源。如图2-28所示。

"资源"面板提供了两种查看资源的方式:在"站点"列表中显示站点的所有资源;在"收藏"列表中仅显示用户明确选择的资源。

在这两个列表中,资源被划分成下列类别,显示在"资源"面板的左侧:

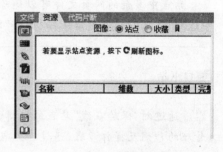

图 2-28 "资源"面板

(1)图像▧:GIF、JPEG 或 PNG 格式的图像文件。

(2)颜色▦:站点的文档和样式表中使用的颜色,包括文本颜色、背景颜色和链接颜色。

(3)URLs▧:当前站点文档中的外部链接。此类别包括下列类型的链接:FTP、gopher、HTTP、HTTPS、JavaScript、电子邮件(mailto)和本地文件(file://)。

(4)Flash▧:任意版本的 Macromedia Flash 格式文件。"资源"面板仅显示 SWF 文件(压缩的 Flash 文件),而不显示 FLA(Flash 源)文件。

(5)Shockwave▧:任意版本的 Macromedia Shockwave 格式文件。

(6)影片▧:QuickTime 或 MPEG 格式文件。

(7)脚本▧:JavaScript 或 VBScript 文件。注意,HTML 文件中的脚本(而不是独立的 JavaScript 或 VBScript 文件)不会出现在"资源"面板中。

(8)模板▧:提供了一种方便的方法,用于在多个页面上重复使用同一页面布局,以及在修改模板的同时会修改附加到该模板的所有页面上的布局。

(9)库▧:在多个页面中使用的元素;当修改一个库项目时,所有包含该项目的页面都将被更新。

⏰ **贴心·提示**

"资源"面板中仅显示属于这些类别的文件。某些其他类型的文件有时也称为资源,但这些文件不在面板中显示。

4.网页的基本操作

1)在站点中新建网页文件

在站点中新建网页文件有两种方法:

方法 1 利用"文件"面板新建文件。在任务 4 中已经介绍。

方法 2 利用 Dreamweaver CS3 的【文件】菜单,选择"新建"命令,弹出"新建文档"对话框,选择网页文件的类型,然后单击工具栏上的【保存】按钮,定义好网页文件名称,将其存放到相应站点文件夹中即可。

2)打开、保存、删除站点中的网页文件

对站点中的网页文件进行编辑前必须先打开网页文件。在"文件"面板中显示站点组织结构,找到要打开的网页文件,双击就可以打开。

对网页文件编辑后单击【保存】按钮或按下快捷键"Ctrl+S",对网页文件进行保存。

站点中多余的网页文件可以删除。在站点结构中找到要删除的网页文件,从右键菜单中选择"编辑"命令,然后选择"删除"即可。

项目小结

通过对"保龄在线"站点的编辑、删除、复制、站点文件的导出与导入操作,了解了站点管理的作用及操作步骤;通过在站点中新建网页文件,掌握如何在站点中添加新的网页文件,同时也熟悉了网页文件的命名规则。

单 元 小 结

本单元共完成 3 个项目,学完后应该有以下收获:

(1)了解网站的分类,能够区分静态网页与动态网页。

(2)了解网站规划的步骤。

(3)掌握站点的创建、管理方法。

(4)能够在站点中创建文件夹及文件。

(5)了解站点文件、文件夹的存放及命名规则。

(6)熟悉"文件"面板,"资源"面板的使用。

实训与练习

1. 实训题

(1)策划一个属于自己的个人网站,策划内容包括网站名称、网站性质、网站栏目、网站的浏览群体等,然后在 F 盘建立站点的根目录及多个子目录。

(2)创建第(1)题中网站的本地站点(服务技术使用 JSP、JavaScript 技术),并对站点进行编辑、复制、删除、导出、导入操作。

(3)在第(2)题创建的站点中新建主页文件 index. jsp。

2. 练习题

(1)填空题

①网站根据是否能够与用户交互可分为_____网站和_____网站。

②网站规划有_____、_____、_____、_____等 4 个步骤。

③网站文件管理应该遵循_____、_____、_____、_____规则。

④网站的文件夹及文件命名应该遵循_____、_____、_____等规则。

⑤Dreamweaver CS3 中，_____面板可以对站点文件进行组织和管理。

⑥Dreamweaver CS3 中，新建网页文件的快捷键是_____。

（2）问答题

①动态网页与静态网页有什么不同？

②创建站点文件夹有几种方法？请描述出步骤。

③站点的管理包括哪些操作？每种操作在什么情况下使用？

④网站文件管理应遵循哪些规则？为什么？

第 **3** 单元

网页中插入基本元素

本单元通过制作一些主题网页,介绍网页中文本、图像、动画、视频、音频等基本元素的插入与编辑。通过一步步地制作,掌握利用 Dreamweaver CS3 插入以上基本元素的方法和步骤,同时介绍如何在网页中插入超级链接和导航栏。

本单元由以下 5 个项目组成:

项目 1　插入文本元素——制作"了解世博会"网页

项目 2　插入图像元素——制作"北京旅游"网页

项目 3　插入动画元素——制作"美丽的动漫世界"网页

项目 4　插入音频和视频——制作"自娱自乐"网页

项目 5　插入超级链接和导航栏——制作"网上逛世博"网站

项目 1　插入文本元素——制作"了解世博会"网页

项目描述

文本是网页必不可少的最基本元素之一，要想制作一个满意的网页，必须掌握网页中文本的插入和编辑方法，以及页面属性的设置和修改。现以"了解世博会"网页的制作过程来学习文本在网页中的输入和编辑方法。"了解世博会"网页的效果如图 3-1 所示。

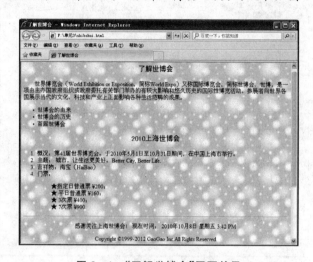

图 3-1　"了解世博会"网页效果

项目分析

该项目的完成通过制作空白网页、输入文本及特殊文本、文本的属性设置以及整个页面的属性设置来进行。因此，本项目可分解为以下任务：

任务 1　制作空白网页

任务 2　输入文本及特殊文本

任务 3　设置文本的属性

任务 4　设置页面的属性

项目目标

● 掌握网页中普通文本的插入方法

● 了解网页中特殊文本的插入方法

● 掌握网页中文本属性的设置方法

● 掌握网页页面属性的设置方法

任务 1　制作空白网页

操作步骤

①在 F 盘根目录下新建一个 sitelx3 文件夹，作为站点文件存放的位置；在 sitelx3 文件

夹下建立下级文件夹 images，作为网页图片存放的位置；将"素材"文件夹下"单元 3"中项目 1 中的图片复制到 images 文件夹中。

❷执行【开始】→【所有程序】→【Adobe Dreamweaver CS3】命令，打开 Dreamweaver CS3 工作窗口，在起始页"新建"栏中单击"Dreamweaver 站点"选项，在弹出的【站点定义】对话框的"高级"标签中定义站点名称为"了解世博会"，并指定站点根目录及图片文件的目录，如图 3-2 所示。

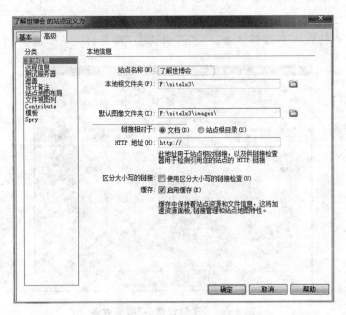

图 3-2 【站点定义】对话框

❸单击【确定】按钮，在【文件】面板即显示新建站点"了解世博会"，如图 3-3 所示。

❹在起始页"新建"栏中单击"HTML"选项，新建网页文档；执行【文件】→【保存】命令，将网页保存在站点根目录下，保存文件名为"shibohui.html"，如图 3-4 所示。

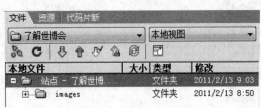
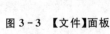

图 3-3 【文件】面板

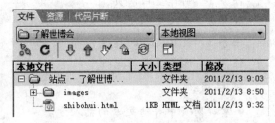

图 3-4 创建 shibohui.html 网页

⏰**贴心·提示**

对网页进行命名时，最好不要使用系统自动保存的无意义的 Untitile-1.html。同时，为了兼顾低版本浏览器的浏览效果，最好不要使用中文命名，如"世博会.html"，因为很多浏览器对中文不支持。

任务 2　输入文本及特殊文本

操作步骤

❶选择一种输入法，在文档空白区直接输入文本，如图 3-5 所示。在输入过程中，按
【Enter】键分段，按【Shift＋Enter】组合键换行；当输入多个空格时，可以按【Ctrl＋Shift＋
Space】组合键，也可以在输入法处于"全角"模式下按【Space】键。

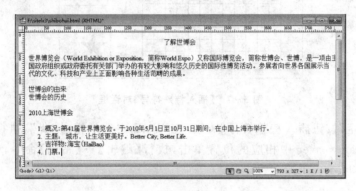

图 3-5　输入文字

贴心·提示

除直接输入文本外，还可以从其他文档中复制文本。譬如从记事本、Word 文档中选取需
要的文字，按【Ctrl＋C】组合键或使用快捷菜单进行复制，然后直接粘贴到 Dreamweaver 中。

❷插入特殊字符。将光标定位至"Copyright"后面，执行【插入记录】→【HTML】→【特
殊字符】→【版权】命令，即可插入版权符号"©"。

❸将光标定位至"指定日普通票"后面，执行【插入记录】→【HTML】→【特殊字符】→【其
他字符】命令，打开【插入其他字符】对话框，如图 3-6 所示；选择"¥"符号，单击【确定】按
钮，即可插入特殊符号"¥"。同样在"平日普通票""3 次票"和"7 次票"后面插入特殊符
号"¥"。

图 3-6　【插入其他字符】对话框

④页面中"★"的插入，是借助于 Word 中的特殊符号完成的，因为 Dreamweaver 中的字符有限。打开 Word，执行【插入】→【特殊符号】命令，打开【插入特殊符号】对话框，选中需要插入的符号，如图 3-7 所示。

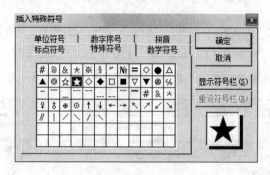

图 3-7 【插入特殊符号】对话框

⑤单击"确定"按钮插入特殊符号"★"。在 Word 中选中符号"★"，执行【编辑】→【复制】命令，在 Dreamweaver 中相应的位置单击，执行【编辑】→【粘贴】命令，插入特殊符号"★"，如图 3-8 所示。

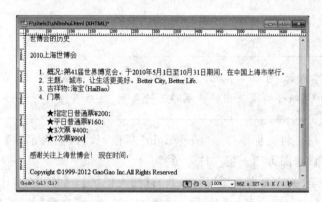

图 3-8 在网页中插入特殊符号"★"

⑥插入水平线。将光标定位至"感谢关注上海世博会！"前面，执行【插入记录】→【HTML】→【水平线】命令，即可在网页中插入水平线。通过工作窗口下方的属性面板对水平线的宽、高、对齐方式进行设置，如图 3-9 所示。

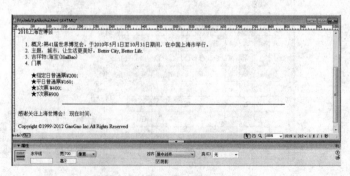

图 3-9 水平线属性设置

⑦插入日期。将光标定位在"现在时间："后面，执行【插入记录】→【日期】命令，弹出【插入日期】对话框；选择需要的日期格式，如图 3-10 所示。单击【确定】按钮即可在网页中插入设置的日期格式。

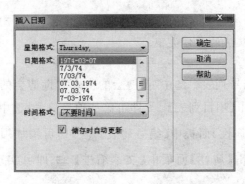

图 3-10　【插入日期】对话框

任务3　设置文本的属性

【操作步骤】

①可以在【属性】面板中设置文本的格式：选中文字"了解世博会"和"上海世博会"，设置为"黑体、20、蓝色、居中对齐"，如图 3-11 所示。

图 3-11　对文本进行格式设置

⏰贴心提示

如果【字体】下拉列表中没有"黑体"，则需要在【字体】下拉列表中选择【编辑字体列表】选项，在打开的【编辑字体列表】对话框中添加该字体，如图 3-12 所示。

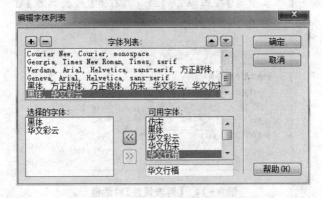

图 3-12　【编辑字体列表】对话框

在【可用字体】列表框中选择要添加的字体,单击 << 按钮将其添加到左侧【选择的字体】列表中。若要取消某种已添加的字体,则在【选择的字体】列表中选中该字体,单击 >> 按钮将其删除。

【可用字体】列表中的字体是该计算机字体库中的字体,如果浏览者的计算机中没有该字体,则将显示计算机中默认的字体类型。

---

②添加项目列表和编号列表。选中"世博会的由来""世博会的历史"和"首届世博会"3段文字,单击【属性】面板中【项目列表】 ≔ 即可添加项目符号;选中"概况""主题""吉祥物"和"门票"4段文字,单击【属性】面板中【编号列表】 ⅓≔ 即可添加项目编号;选中"★指定日普通票￥200"段文字,单击【属性】面板中【文本缩进】 ≛ 即可实现文本缩进,如图 3 – 13所示。

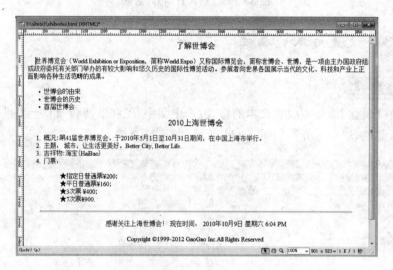

图 3 – 13　添加项目列表和编号列表以及文本缩进效果

🕐 贴心提示

单击【属性】面板中【列表项目】按钮 列表项目... ,打开【列表属性】对话框,可以对项目符号以及编号列表进行修改,如图 3 – 14 所示。

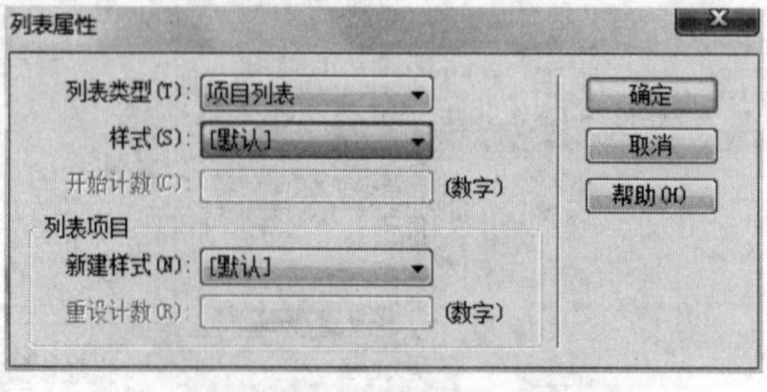

图 3 – 14　【列表属性】对话框

任务4　设置页面的属性

操作步骤

①设置页面背景。单击【属性】面板中的【页面属性】按钮 `页面属性...`，打开【页面属性】对话框，可以对页面背景进行设置；在【背景图像】右侧单击 `浏览(B)...` 按钮，确定背景图片"bg. gif"所在目录；由于背景图片较小，为了填充整个屏幕，在【重复】下拉列表中选择"重复"选项，如图3-15所示。

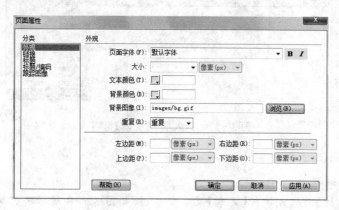

图3-15　【页面属性】对话框

②单击【应用】按钮即可得到网页背景效果，如图3-16所示；执行【文件】→【保存】命令，保存该网页。至此，"了解世博会"网页制作完成。

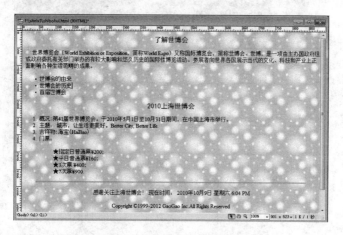

图3-16　页面背景效果

知识百科

1. 文本的输入

1）普通文本的输入

普通文本的输入和其他字处理软件类似，需要注意的是：直接按【Enter】键分段，对应代码＜p＞字符串＜/p＞；按【Shift＋Enter】组合键换行，对应代码＜br/＞。

2）特殊字符的输入

特殊字符的输入包括任务1中提到的空格、版权©、人民币¥、★、水平线、日期等，可以通过执行【插入记录】→【HTML】→【特殊字符】命令，或使用插入栏的【文本】选项插入特殊字符，如图3-17所示。

图3-17 插入栏的【文本】选项

2. 文本的编辑

1）文本基本编辑

可以通过【属性】面板或执行【文本】菜单命令，按如图3-18所示进行文本属性的设置。与其他字处理软件类似，主要包括对文本字体、字型、字号、颜色、对齐方式、样式等属性的设置，这些设置在"项目1 了解世博会"网页的制作过程中几乎都包含了。

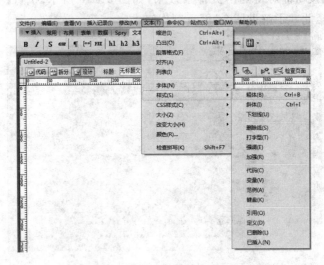

图3-18 【文本】菜单命令

2）文本高级编辑

文本的高级编辑需要借助于 CSS 样式表来进行，这将在本书第5单元讲解。

3. 页面属性的设置

页面属性的设置作用于整个页面中的元素，可以通过单击【属性】面板中的【页面属性】按钮 页面属性... ，打开【页面属性】对话框来进行设置。主要有5类设置：外观、链接、标题、标题/编码、跟踪图像。这里重点讲解【外观】的设置。

在【外观】分类中，对"项目 1　了解世博会"网页重新进行如下设置：即页面字体类型为宋体，大小 10 点数(pt)；文本颜色为绿色♯009900；背景颜色为黄色♯FFFFCC；背景图像为无；上下左右边距(指页面中文字与四周的距离)分别为 10、10、150、150 像素(px)，如图 3-19 所示。效果如图 3-20 所示。

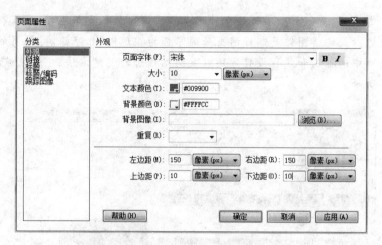

图 3-19　【页面属性】中外观的设置

图 3-20　网页外观效果

项目小结

　　通过制作"了解世博会"网页，掌握如何在网页中插入文本元素，包括基本的文字，特殊字符，如空格、版权ⓒ、人民币¥、★、水平线、日期等；以及如何设置文本格式，包括对文本字体、字型、字号、颜色、对齐方式、样式等属性的设置；还有如何设置页面属性，包括页面字体类型和大小、文本颜色、背景颜色、背景图像、上下左右边距的设置。

项目 2 插入图像元素——制作"北京旅游"网页

项目描述

图像和文本一样,是网页中不可缺少的元素。图像比文本更加生动、丰富、美观,如何在网页中插入图像以及编辑图像是制作网页必须掌握的。现以"北京旅游"网页的制作过程来掌握图像在网页中的插入和属性设置方法以及网站相册的创建方法。"北京旅游"网页的效果如图 3-21 所示。

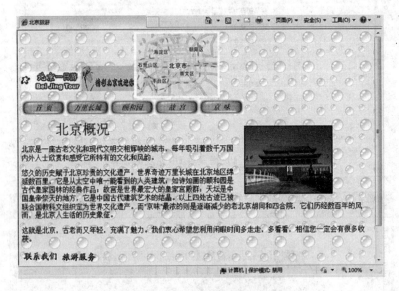

图 3-21 "北京旅游"网页效果

项目分析

完成该项目,需要制作空白网页、输入文本、插入图像、设置图像属性、插入鼠标经过图像、创建网站相册。因此,本项目可分解为以下任务:

任务 1 制作空白网页

任务 2 插入图像

任务 3 编辑图像

任务 4 设置图像及文字属性

任务 5 创建"北京美景"网站相册

项目目标

● 了解网页中插入的图片类型

● 掌握在网页中插入图像的方法

● 掌握在 Dreamweaver CS3 中使用"属性"面板对图像进行属性设置的方法

● 了解创建网站相册的步骤

任务 1　制作空白网页

操作步骤

①在 F 盘根目录下创建一个新 sitelx32 文件夹作为站点根目录,并且创建下一级文件夹 images,将"素材"文件夹下"单元 3"中"项目 2"文件夹中的图片复制到 images 文件夹中。

②执行【开始】→【所有程序】→【Adobe Dreamweaver CS3】命令,打开 Dreamweaver CS3 工作窗口,在起始页"新建"栏中单击"Dreamweaver 站点"选项,在弹出的【站点定义】对话框的"高级"标签中定义站点名称为"北京旅游",并指定站点根目录及图片文件的目录,如图 3-22 所示。

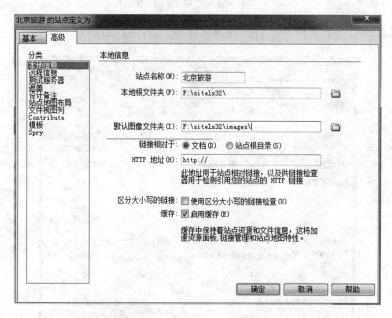

图 3-22　【站点定义】对话框

③单击【确定】按钮,在【文件】面板中即显示新建站点"北京旅游",如图 3-23 所示。

④在起始页"新建"栏中单击"HTML"选项,新建网页文档;执行【文件】→【保存】命令,将网页保存在站点根目录下,保存文件名为"bjly.html",如图 3-24 所示。

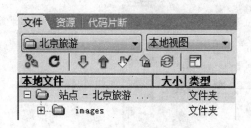

图 3-23　【文件】面板

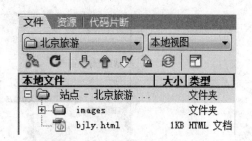

图 3-24　创建 bjly.html 网页

任务 2　插入图像

操作步骤

①执行【插入记录】→【图像】命令或者在【插入】栏【常用】类别中单击图像图标按钮 ，如图 3 - 25 所示。

图 3 - 25　插入栏中"常用"选项栏

②打开【选择图像源文件】对话框，选择图像 bjtour. jpg，如图 3 - 26 所示。

图 3 - 26　"选择图像源文件"对话框

③单击【确定】按钮，弹出【图像标签辅助功能属性】对话框，如图 3 - 27 所示。在"替换文本"栏中输入"北京旅游"，单击【确定】按钮。插入图像效果如图 3 - 28 所示。

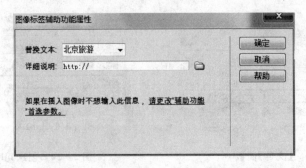

图 3 - 27　"图像标签辅助功能属性"对话框

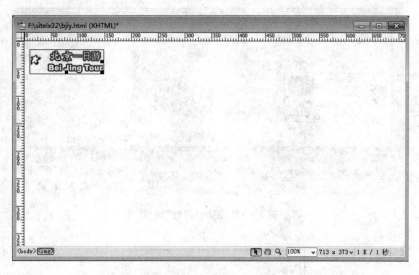

图 3 - 28　插入图像效果

⏰ **贴心·提示**

如果插入的是站点外的图像,插入图像后,Dreamweaver CS3 会自动把该图像保存到站点目录下默认图像文件夹 images 下,这样非常方便操作。

④运用同样的方法插入 bghyn. png 和 zgdt. gif 两张图像,效果如图 3 - 29 所示。

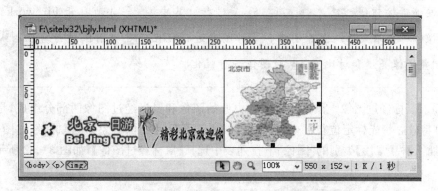

图 3 - 29　插入 3 张图像后 bjly. html 网页效果

📶 **任务 3　编 辑 图 像**

(**操 作 步 骤**)

①利用图像的【属性】面板来编辑图像大小。首先选中图像,在"宽"和"高"栏中直接输入数字来设置图像的大小,如图 3 - 30 所示;也可以通过鼠标拖动图像控制点来调整图像大小,如图 3 - 31 所示,此时"属性"面板中"宽"和"高"的值随之而改变。要想返回原始大小,可以单击 ⟳ 按钮。

图 3-30　图像"属性"面板

图 3-31　通过鼠标拖动调整图像宽和高

🕐 **贴心·提示**

除了图像大小可以调整外,Dreamweaver CS3 还提供了一些简单的编辑。在【属性】面板中,通过编辑按钮组 编辑 🖊 🗔 🖾 ◑ △ 进行。其中 🖊 会自动打开 Fireworks 进行编辑,这些操作都会永久性改变原图像;🗔 对图像进行优化;🖾 对图像进行剪切;🖾 重新取样;◑ 调整图像亮度和对比度;△ 对图像进行锐化。

②插入鼠标经过图像。鼠标经过图像由原始图像和鼠标经过图像两部分组成,是一种常见的网页特效。将光标定位在下一段,执行【插入记录】→【图像对象】→【鼠标经过图像】命令或者在【插入】栏【常用】类别的"图像"下拉列表中选择【鼠标经过图像】,如图 3-32 所示。

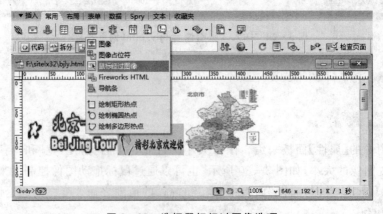

图 3-32　选择鼠标经过图像选项

❸如图 3-33 所示,在打开的"插入鼠标经过图像"对话框中,单击"原始图像"后面的【浏览】按钮,选择一张图像,如图 3-34 所示;单击"鼠标经过图像"后面的【浏览】按钮,再选择另一张图像,如图 3-35 所示。

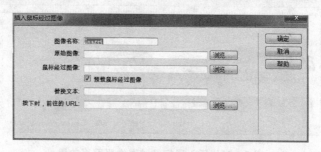

图 3-33　【插入鼠标经过图像】对话框

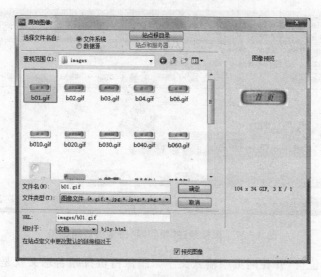

图 3-34　选择"原始图像"

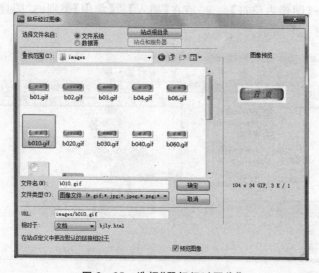

图 3-35　选择"鼠标经过图像"

❹重复以上步骤,再插入4组鼠标经过图像,如图3－36所示;预览效果如图3－37所示,网页加载时图像边缘光滑的,当鼠标经过图像时,图像边缘凹陷。

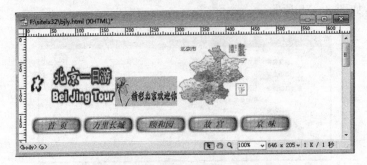

图3－36　插入鼠标经过图像后网页效果

图3－37　鼠标经过"颐和园"图像时边缘凹陷

❺插入图像占位符,并在网页中输入文字。图像占位符顾名思义就是一个占位符号,方便以后添加图像元素时,不影响网页原有的整体布局。将光标定位至下一段,执行【插入记录】→【图像对象】→【图像占位符】命令,或在【插入】栏【常用】类别的"图像"列表中选择图像占位符选项,如图3－38所示。

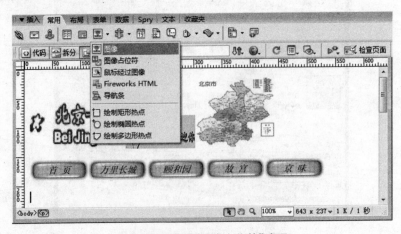

图3－38　选择"图像占位符"选项

❻在打开的"图像占位符"对话框中设置图像占位符的属性,如图 3 - 39 所示。插入后效果如图 3 - 40 所示,预览效果如图 3 - 41 所示。

图 3 - 39　设置"图像占位符"属性

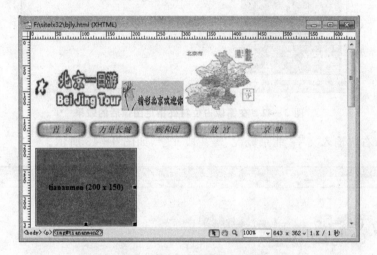

图 3 - 40　插入图像占位符后的效果

图 3 - 41　占位符的预览效果

❼如果需要在图像占位符处插入图像,可选择图像占位符,单击【属性】面板上"源文件"栏的"浏览"按钮,打开【选择图像源文件】对话框;选择图片"tiananmen1.jpg",并设置图像宽为 200,高为 150。插入后,原来的图像占位符被图像所替换,如图 3-42 所示。

图 3-42 在图像占位符处指定图像后的效果

❽在图像右边输入文字"北京概况"等 4 段文字,如图 3-43 所示。

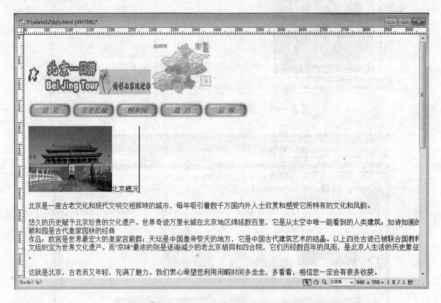

图 3-43 输入文字后的效果

任务4 设置图像及文字属性

操作步骤

❶设置图像和文字属性。选中"tiananmen1.jpg"图像后,在【属性】面板【对齐】栏中设置图片为"右对齐",为了避免图像和文字贴得过近,设置垂直边距与水平边距均为 10,边框设

置为 2 像素,如图 3-44 所示。效果如图 3-45 所示。

图 3-44　图像的属性设置

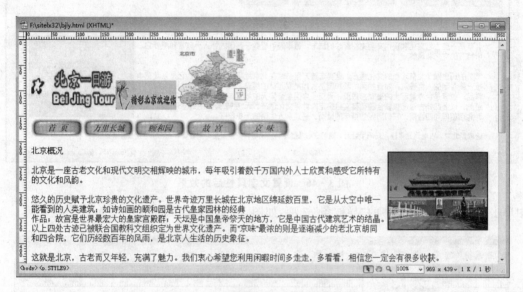

图 3-45　设置图像右对齐后的效果

贴心提示

图像的对齐方式有 9 种,每种对齐方式的含义如下:

- **默认值**:即基线对齐。
- **基线**:将文本或同一段落的其他元素的基线与选定对象底部对齐。
- **底部**:文本的基线与选定图像或同一段落的其他元素的底部对齐。
- **顶端**:图像的顶端与当前行中最高项元素的顶端对齐。
- **居中**:图像的中部与当前行的基线对齐。
- **文本上方**:图像的顶端与文本行最高字符的顶端对齐。
- **绝对居中**:图像的中部与当前行中文本的中部对齐。
- **绝对底部**:图像的底部与文本行的底部对齐。
- **左对齐**:图像在文字左边。
- **右对齐**:图像在文字右边。

②设置"北京概况"文字属性:颜色♯0000FF,大小 24 点,字体为宋体;选中段落文字,单击【属性】面板上的 ±≡ 按钮进行文本缩进设置。效果如图 3-46 所示。

③插入导航条。导航条是由一组可以随着鼠标状态变化而变化的图像组成的。将光标定位在下一段,执行【插入记录】→【图像对象】→【导航条】命令,或者在【插入】栏【常用】类别

Dreamweaver CS3 网页制作项目实训

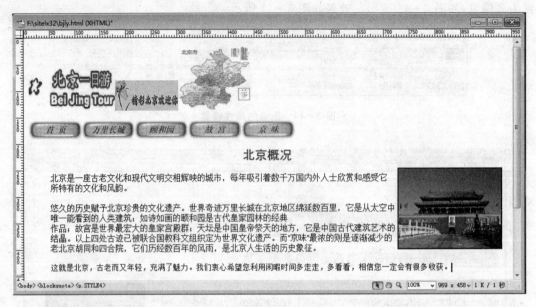

图 3 - 46　设置文字属性后的效果

中单击"图像"下拉列表中的"导航条"选项,如图 3 - 47 所示。

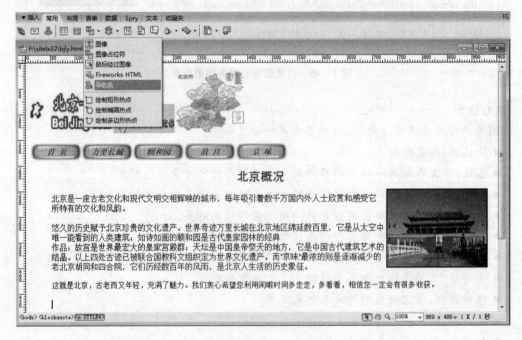

图 3 - 47　选择"导航条"选项

　　④在打开的【插入导航条】对话框中,单击"状态图像"栏后面的 浏览… 按钮,选择一张图像;单击"鼠标经过图像"栏后面的 浏览… 按钮,选择另一张图像;单击"按下图像"栏后面的 浏览… 按钮,选择一张图像;单击"按下时鼠标经过图像"栏后面的 浏览… 按钮,再选择一张图像,共 4 张图像,如图 3 - 48 所示。

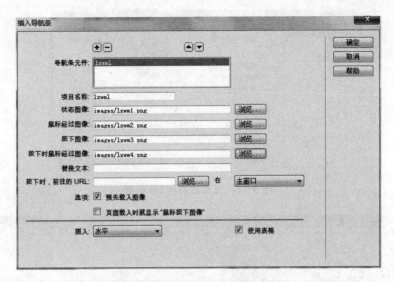

图 3 - 48　【插入导航条】对话框(1)

⑤单击 ⊞ 按钮可以再添加一组导航条图像,方法同上,如图 3 - 49 所示。其 4 种状态如图 3 - 50 所示。

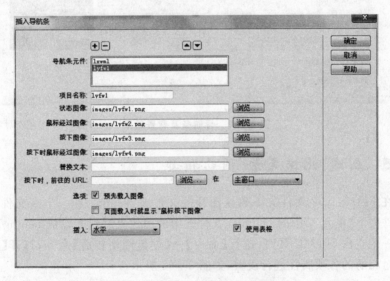

图 3 - 49　【插入导航条】对话框(2)

旅游服务　旅游服务　旅游服务　旅游服务

　lyfw1.png　　　lyfw2.png　　　lyfw3.png　　　lyfw4.png

图 3 - 50　导航条的 4 种状态图像

⑥设置背景图片。执行【修改】→【页面属性】命令,打开【页面属性】对话框,设置背景图像为"bg2.jpg";为了填充整个页面,选择"重复"图像,如图 3 - 51 所示,效果如图 3 - 52 所示。

图 3-51 【页面属性】对话框

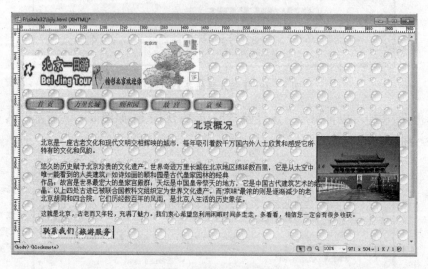

图 3-52 导航条及背景效果

任务5 创建"北京美景"网站相册

①首先在 F:\sitelx32 文件夹下建立图片源文件夹 beijing1 和一个空文件夹 beijing2，将"素材"文件夹下"单元 3"中的 beijing1 文件夹中的图像复制到 F 盘的 beijing1 文件夹下。

②新建一个空白 HTML 页面，执行【命令】→【创建网站相册】命令，打开【创建网站相册】对话框；对相册的各项属性进行设置，如图 3-53 所示。

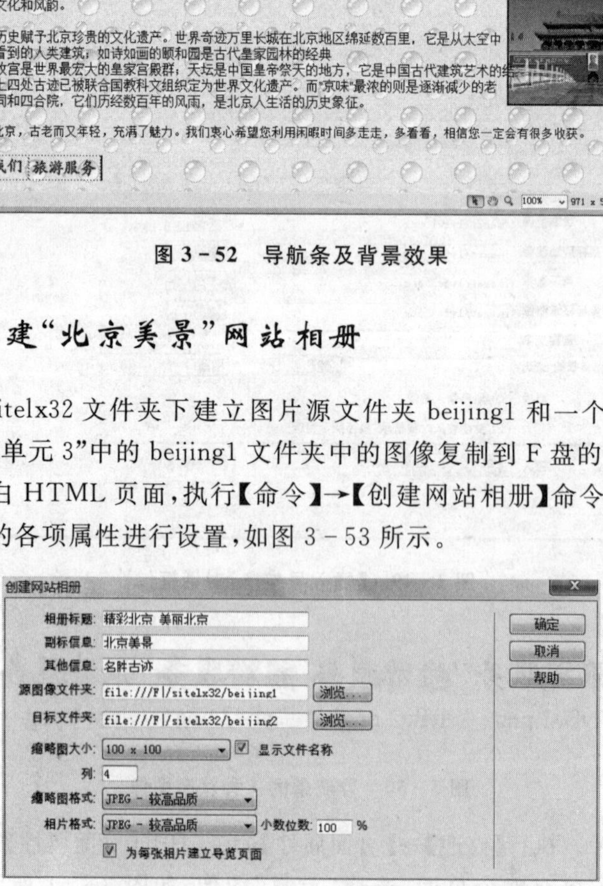

图 3-53 【创建网站相册】对话框

❸单击【确定】按钮，自动打开 Fireworks 软件进行图片处理，如图 3-54 所示。处理完毕后，会显示"相册已经建立"，相册网页将自动显示出来，如图 3-55 所示。

图 3-54　批处理图片

图 3-55　自动建立的相册主页

❹打开 beijing2 文件夹，可以看到原来空文件夹下多了 3 个文件夹和 1 个网页文件，如图 3-56 所示。其中网页文件 index. htm 即相册主页，images 为大图片文件夹、pages 为图片网页、thumbnails 为缩略图文件夹。相册预览图如图 3-57 所示。

图 3-56　相册 beijing2 文件夹中的内容

65

图 3-57   预览网页相册

⑤单击某张图像的缩略图,如图片"2greatwall.jpg",将会打开该张图片的大图片所在的网页,并显示"前一个 | 首页 | 下一个"文字链接至其他大图片,如图 3-58 所示。

图 3-58   网页相册大图链接页面

 知识百科

1. 网页中的图像格式

图像的格式很多,但是在网页中使用的只有 3 种,即 JPG/JPEG、GIF 和 PNG。

1) JPG/JPEG

JPG/JPEG 是 Joint Photographic Experts Group(联合图像专家组)的缩写,是最常用

的图像文件格式,是一种有损压缩格式,可以提高或降低 JPEG 文件压缩的级别。但是,文件大小是以图像质量为代价的。JPEG 压缩可以很好地处理写实摄影作品。

2) GIF

GIF 是 Graphics Interchange Format(图像互换格式)的缩写,GIF 格式的一个突出特点就是可以制作动画。它最多支持 256 色,适合对图像质量要求不高的图像,网页中大量的图像都是 GIF 格式。

3) PNG

PNG 是 Portable Network Graphics(移植的网络图像文件格式)的缩写。用它可以实现背景透明的效果。

2. 图像的插入

要想制作图文并茂的网页,插入图像必不可少。在 Dreamweaver CS3 中,用户可以通过执行【插入记录】→【图像】命令,或者在【插入】栏【常用】类别中单击"图像"按钮两种方法实现。在 Dreamweaver 中,除了插入普通的图像外,还可以插入图像元素,包括:图像占位符、鼠标经过图像、导航条等,方便实现简单的网页特效。

3. 图像属性的设置

图像插入网页后,为了达到美观的效果,在 Dreamweaver 中,还可以通过【属性】面板对图像进行设置,包括调整图像大小、裁剪图像、调整图像对比度、亮度以及设置图像边框、边距和对齐方式等。而对图像的高级设置可以通过使用后续单元介绍的 CSS 样式表进行。

4. 图像的优化

为了使图像在网页中达到最好的显示效果,可以通过执行【命令】→【优化图像】命令,或者在【属性】面板的"编辑"选项中单击"优化"按钮 对图像进行优化,如图 3-59 所示。也可以通过 Fireworks 软件对图像进行优化。

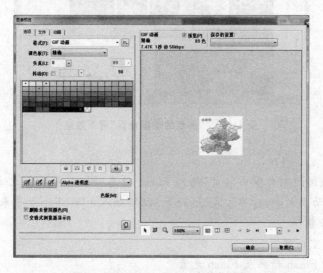

图 3-59　Dreamweaver 中优化设置

除此之外,用户还可以使用自己熟悉的图形图像处理软件,如 Photoshop 对图像进行深度优化和加工。

项目小结

　　通过制作"北京旅游"网页,了解了如何在网页中插入图像元素,包括基本图像的插入、图像占位符、鼠标经过图像、导航条等;如何设置图像格式,包括对图像大小、对齐方式、亮度、对比度、锐化、边框、边距等属性的设置;如何建立网站相册。

项目3　插入动画元素——制作"美丽的动漫世界"网页

项目描述

　　一个网页,除了图文并茂的效果以外,人们还希望网页中的元素能够动起来,而 Flash 动画就是网页中常见的动态元素之一,它容量小,表现的内容丰富,动感十足,受到网页设计者的青睐。现以"美丽的动漫世界"网页的制作过程来掌握 Flash 动画在网页中的插入和属性设置方法,并了解 FlashPaper 和图像查看器的插入方法。"美丽的动漫世界"网页效果如图 3-60 所示。

图 3-60　"美丽的动漫世界"网页效果

项目分析

　　该项目的完成通过制作空白网页,插入 Flash 动画、Flash 按钮和文本、Flash 动画的属性设置(例如调整动画大小、对齐方式、边距等)以及插入 FlashPaper 等来实现。因此,本项目可分解为以下任务:

　　任务1　制作空白网页

　　任务2　插入 Flash 动画及 Flash 元素

　　任务3　插入 FlashPaper

项目目标

● 了解网页中插入动画的格式

- 掌握在网页中插入 Flash 动画的方法
- 掌握在 Dreamweaver CS3 中使用"属性"面板对动画进行属性设置的方法
- 了解插入 FlashPaper 和图像查看器的方法

任务1　制作空白网页

操 作 步 骤

①在 F 盘根目录下新建一个 sitelx33 文件夹,作为站点文件存放的位置;在 sitelx33 文件夹下建立下级文件夹 images,作为网页图片存放的位置;建立下级文件夹 other,作为网页其他素材存放的位置;将"素材"文件夹下"单元 3"中"项目 3"中的图片复制到 images 文件夹中,其他素材复制到 other 文件夹中。

②执行【开始】→【所有程序】→【Adobe Dreamweaver CS3】命令,打开 Dreamweaver CS3 工作窗口,在起始页"新建"栏中单击"Dreamweaver 站点"选项,在弹出的【站点定义】对话框的"高级"标签中定义站点名称为"美丽的动漫世界",并指定站点根目录及图片文件的目录,如图 3-61 所示。

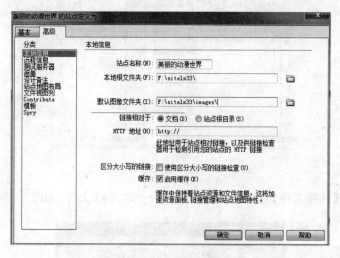

图 3-61　【站点定义】对话框

③单击【确定】按钮,在【文件】面板即显示新建站点"美丽的动漫世界",如图 3-62 所示。

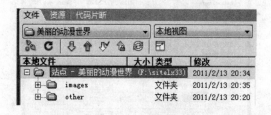

图 3-62　【文件】面板

④在起始页"新建"栏中单击"HTML"选项,新建网页文档;执行【文件】→【保存】命令,将网页保存在站点根目录下,保存文件名为"flash. html",如图 3-63 所示。

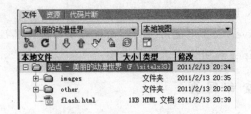

图 3 - 63　创建 flash.html 网页

任务 2　插入 Flash 动画及 Flash 元素

操作步骤

①执行【插入记录】→【媒体】→【Flash】命令,或者在【插入】栏【常用】类别中单击"媒体"按钮,在下拉菜单中,选中"Flash"选项,如图 3 - 64 所示。

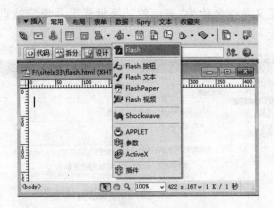

图 3 - 64　选择插入栏 Flash 选项

②在打开的【选择文件】对话框中选择 banner_000.swf 文件,如图 3 - 65 所示。

图 3 - 65　【选择文件】对话框

📢**贴心提示**

　　如果选择的文件不在站点目录下,则会弹出提示信息,提示将文件保存至站点目录下,一般选择"是",方便以后操作,如图 3 - 66 所示。

图 3 - 66　提示保存到站点目录

　　保存后,弹出"对象标签辅助功能属性"对话框,如图 3 - 67 所示,输入标题等信息,其中访问键可以输入一个字母,如 a,则使用"Ctrl + A"就可以选中该对象;Tab 键索引指输入一个数字作为该对象的 Tab 索引顺序。

图 3 - 67　【对象标签辅助功能属性】对话框

　　❸单击【确定】按钮即可插入 Flash 动画的 swf 格式的影片,如图 3 - 68 所示,预览效果图如图 3 - 69 所示。

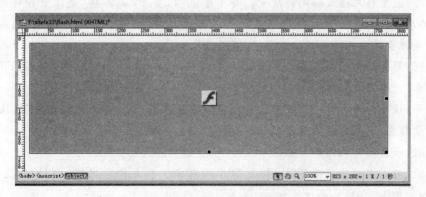

图 3 - 68　插入 Flash 动画

图 3-69　IE 在浏览器中预览 Flash 动画效果

❹设置 Flash 动画的属性。选中插入的 Flash 动画,可通过其【属性】面板设置相关属性。设置"宽"400 像素,"高"95 像素,"水平边距"50 像素,居中对齐,如图 3-70 所示。

图 3-70　Flash 动画【属性】面板

⏰**贴心·提示**

【属性】面板中的其他选项功能如下:

● 文件:Flash 文件的路径,单击文件夹图标可以选择一个文件。

● 重设大小:重新设置选定影片的大小。

● 循环:选中表示影片将连续播放,否则影片只播放一次。默认为选中状态。

● 自动播放:选中表示加载网页时自动播放影片。默认为选中。

● 垂直边距:影片距离上、下空白的距离,单位为像素。默认值为 2 像素。

● 水平边距:影片距离左、右空白的距离,单位为像素。默认值为 2 像素。

● 品质:设置影片播放期间的质量。有 4 个选项,其中"高品质"是注重外观而非速度;"自动低品质"首先注重速度,然后才是外观;"自动高品质"首先是注重品质,然后是速度;"低品质"是注重速度而非外观。默认为"高品质"。

● 比例:影片如何适合在文本框中设置宽度和高度的尺寸。默认值"全部显示"。还有"无边框"和"严格匹配"两项。

● 对齐:设置影片相对统一段落其他元素的对齐方式,共 9 种。默认值为"基线"。

● 背景颜色:设置影片的背景颜色。

● 参数:设置影片的附加参数。

● 播放:可以在编辑页面播放 Flash 影片的内容。单击[▷　播放]按钮显示影片内容,单击[■　停止]按钮即停止播放。

⑤插入 Flash 文本。将光标定位在 Flash 影片之后,执行【插入记录】→【媒体】→【Flash 文本】命令,或者在【插入】栏【常用】类别中单击"媒体"按钮,在下拉菜单中选择"Flash 文本"选项,如图 3－71 所示。

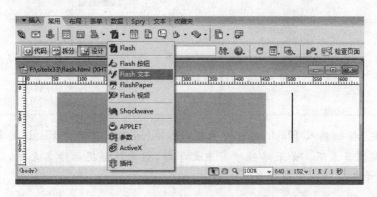

图 3－71　选择"Flash 文本"选项

⑥在打开的【插入 Flash 文本】对话框中设置字体为"黑体",大小为"30",颜色为"蓝色♯0000FF",转滚颜色为"粉色♯FF99CC",文本为"欢迎进入美丽的动漫世界",其他属性按默认设置,如图 3－72 所示。

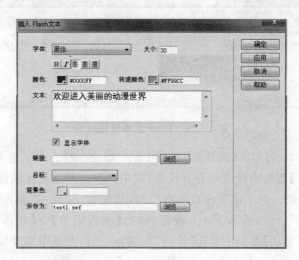

图 3－72　【插入 Flash 文本】对话框

⑦单击【确定】按钮,即可插入 Flash 文本,如图 3－73 所示。同时弹出【Flash 辅助功能属性】对话框,如图 3－74 所示。不想输入信息,可以更改"辅助功能"首选参数。

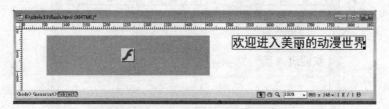

图 3－73　插入 Flash 文本后的效果

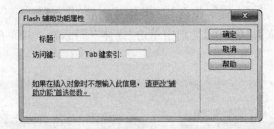

图 3 - 74 【Flash 辅助功能属性】对话框

⏰**贴心提示**

　　单击"确定"按钮插入 Flash 文本的同时，Dreamweaver 自动将 Flash 文本生成 swf 文件，并保存至站点目录下。如果路径中有中文字符，则系统会提示命名无效，这时只需要把保存路径中的中文名称改为拼音或英文即可。

　　⑧预览网页：将光标移至 Flash 文本时，文本颜色改变，如图 3 - 75 所示，可见实现了最简单的网页特效，这正是 Flash 文本不同于普通文本之处。

图 3 - 75　Flash 文本预览效果

　　⑨选中 Flash 文本，可见其【属性】面板和 Flash 影片一样。为了使 Flash 文本和刚才的影片对齐，在其【属性】面板中修改对齐方式为"居中"即可，其他属性默认。

　　⑩插入 Flash 按钮。为了使页面显示有层次，首先在 Flash 文本下一段插入水平线，然后再按【Enter】键至下一段，插入 Flash 按钮；执行【插入记录】→【媒体】→【Flash 按钮】命令，或者在【插入】栏【常用】类别中单击"媒体"按钮，在下拉菜单中选"Flash 按钮"选项，如图 3 - 76 所示。

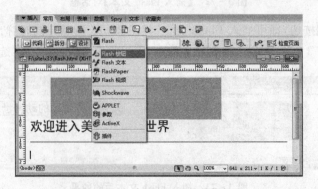

图 3 - 76　选择"Flash 按钮"选项

⑪在打开的【插入 Flash 按钮】对话框中设置样式为"StarSpinner",按钮文本为"喜羊羊",字体为"宋体",大小为"15",其他属性默认,如图 3 - 77 所示。按照相同的样式再继续插入"美羊羊""沸羊羊",设置同上。

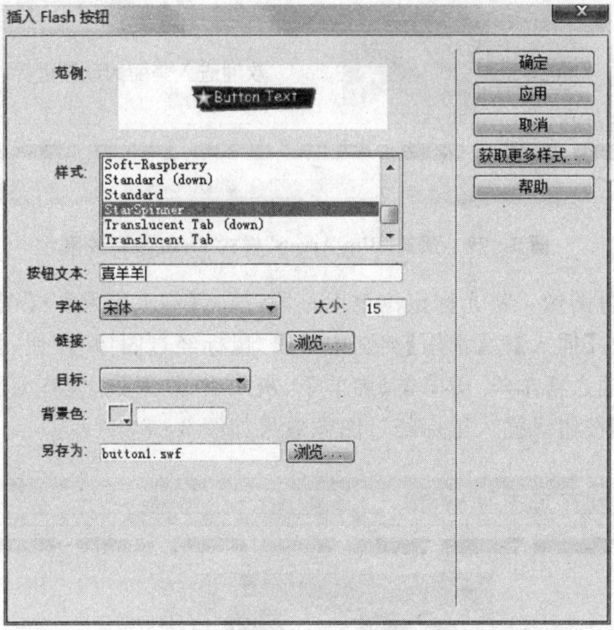

图 3 - 77　【插入 Flash 按钮】对话框

⑫每一个按钮就是一个 swf 文件,其【属性】面板和 Flash 影片一样,可以修改按钮的大小。这里设置按钮的宽为 120 像素,高为 35 像素,其他属性默认,预览效果如图 3 - 78 所示。Flash 按钮有动态效果,鼠标指向按钮时,按钮上的"五角星"会旋转起来。

图 3 - 78　预览 Flash 按钮效果

⑬用同样的操作方法插入 4 个 Flash 按钮,设置按钮样式为"Blip Arrow" ![Button Text],按钮文本为"灰太狼""红太狼""大耳朵图图""花园宝宝",预览效果如图 3 - 79 所示。当鼠标指向按钮时,按钮箭头向右伸长。

75

图 3 - 79　预览"Blip Arrow"样式 Flash 按钮效果

⑭插入鼠标经过图像。将光标定位至下一段,执行【插入记录】→【图像对象】→【鼠标经过图像】命令,或者在【插入】栏【常用】类别中单击"鼠标经过图像"按钮,打开【插入鼠标经过图像】对话框,分别插入喜羊羊、美羊羊、沸羊羊、灰太狼、红太狼、大耳朵图图、花园宝宝等动画头像,单击【确定】按钮。插入鼠标经过图像效果如图 3 - 80 所示。

图 3 - 80　文档中插入鼠标经过图像

⑮选中图像,设置其属性:"宽"100 像素,"高"100 像素,其他属性默认。重复相同步骤,连续插入 9 组鼠标经过图像,对齐图像后效果如图 3 - 81 所示。

图 3 - 81　插入 10 组鼠标经过图像效果

贴心提示

单击【确定】按钮插入鼠标经过图像的同时，Dreamweaver 自动将站点外的图像文件保存至站点目录下的默认图像文件夹中。

⑯再插入一个 Flash 动画。将光标定位至下一段，执行【插入记录】→【媒体】→【Flash】命令，或者在【插入】栏【常用】类别中单击"媒体"按钮，在下拉菜单中选择"Flash"选项，打开【选择文件】对话框，在此选择"喜羊羊与灰太狼.swf"文件，如图 3－82 所示。

图 3－82　插入 Flash 动画效果

⑰选中该动画对象，设置高为 400 像素，宽为 400 像素，比例为无边框，其他属性默认，预览效果如图 3－83 所示。

图 3－83　Flash 动画预览效果

任务3 插入 FlashPaper 文件

操作步骤

①将光标定位于 Flash 动画后面,执行【插入记录】→【媒体】→【FlashPaper】命令,或者在【插入】栏【常用】类别中单击"媒体"按钮,在下拉菜单中选"FlashPaper"选项,如图 3-84 所示。

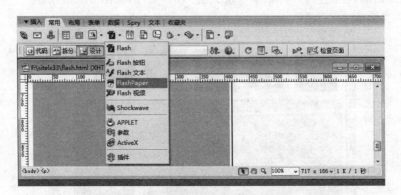

图 3-84 选择"FlashPaper"选项

②在打开的【插入 FlashPaper】对话框中,单击 浏览… 按钮,选择"mylike.swf"FlashPaper 文件,设高度为 400,宽度为 285,如图 3-85 所示。单击【确定】按钮即在网页中插入 FlashPaper 文件,预览效果如图 3-86 所示。至此,"美丽的动漫世界"网页就制作完成了。

图 3-85 【插入 FlashPaper】对话框　　　　图 3-86 插入 FlashPaper 后的效果

知识百科

1. 网页中 Flash 文件类型

网页中的 Flash 文件格式主要有以下 3 种：

1）. swf 文件

. swf 文件是 Flash 影片文件，是网络中的最佳格式文件。具有缩放不失真、文件容量小等特点。它采用了流媒体技术，可以一边下载一边播放，目前被广泛应用于网页设计、动画制作等领域。Dreamweaver 自带的 Flash 按钮和文本功能创建的文件就是 swf 格式。

2）. fla 文件

. fla 文件是 Flash 源文件，所有的原始素材都保存在 fla 文件中。由于它包含所需要的全部原始信息，所以容量较大。可以在 Flash 软件中打开、编辑和保存。

3）. swt 文件

. swt 文件是 Flash 的库文件，这种文件运行时修改 Flash 动画文件中的信息，通常用于 Flash 按钮对象中。

2. 动画的插入

要想让网页更加生动、活泼、动感十足，必须借助于动画来渲染。在 Dreamweaver CS3 中，通过执行【插入记录】→【媒体】→【Flash】命令，或者在【插入】栏【常用】类别中单击"媒体"按钮，在下拉菜单中选择"Flash"选项两种方法实现。在 Dreamweaver 中，除了可插入普通的 Flash 动画外，还可以插入 Flash 文本、Flash 按钮以及 FlashPaper 文件，使制作的网页更丰富。

3. 动画属性的设置

在网页中插入动画后，为了达到美观的网页效果，在 Dreamweaver 中，可以通过【属性】面板对动画属性进行设置，包括调整动画大小、对齐方式、边距、品质、比例、背景颜色、参数等。

4. 动画的优化

为了使动画在网页中达到最好的显示效果，可以通过 Flash 软件对图像进行优化。如图 3-87 所示，对动画的显示效果进行深度优化和加工。

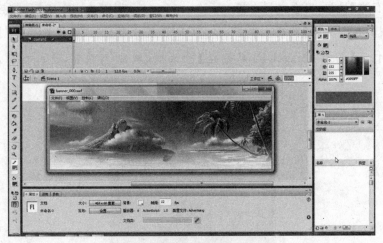

图 3-87　使用 Flash 软件优化动画

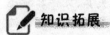

　　通过制作"美丽的动漫世界"网页，了解了如何在网页中插入动画元素，包括基本 Flash 动画、Flash 文本、Flash 按钮、FlashPaper 等的插入；设置动画属性，包括对动画大小、对齐方式、边距、品质、比例等属性设置。

知识拓展

插入 Flash 元素——"图像查看器"

　　除了在网页中插入常见的 Flash 动画、Flash 文本、Flash 按钮以及 FlashPaper 外，Dreamweaver 还包含一个名为"图像查看器"的 Flash 元素。插入"图像查看器"的步骤如下：

　　①新建文档 view.html，执行【插入记录】→【媒体】→【图像查看器】命令，打开【保存 Flash 元素】对话框，输入文件名"txckq"，如图 3-88 所示。

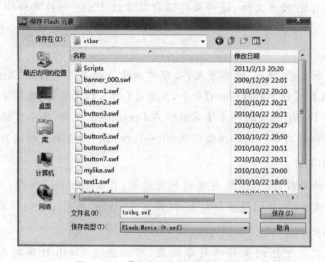

图 3-88　【保存 Flash 元素】对话框

　　②单击【保存】按钮，则在文档中插入一个 .swf 文件，如图 3-89 所示，并且在窗口右边面板组中出现【Flash 元素】面板。单击 imageURLs 属性右面的"编辑数组值"按钮，如图 3-90 所示，打开【编辑"imageURLs"数组】对话框；单击 按钮，选择图像，如图 3-91 所示。

图 3-89　在文档中插入"图像查看器"

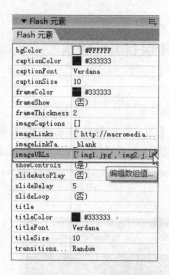

图 3-90　【Flash 元素】面板

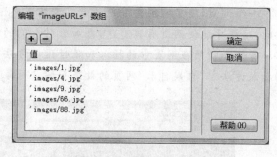

图 3-91　添加了 5 幅图像

③设置"Flash 元素"面板属性如下：

- slideAtutoPlay：是。
- slideDelay：3。
- slideLoop：是。
- title：动画人物。
- titleColor：#00FF00。

其他按默认设置，如图 3-92 所示。

④设置完毕，按【F12】快捷键预览网页，效果如图 3-93 所示。

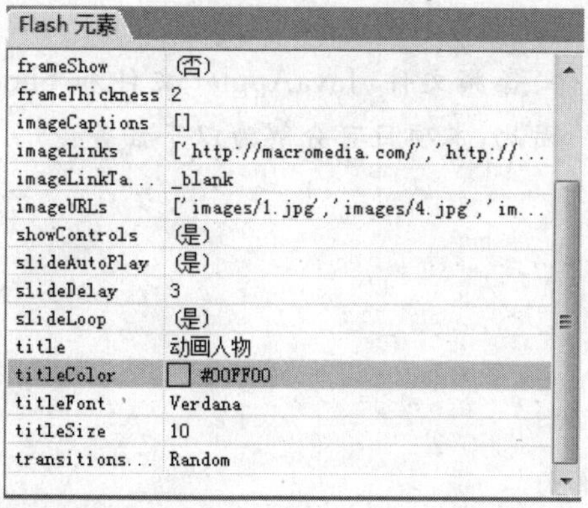

图 3-92　设置【Flash 元素】面板

图 3-93　"图像查看器"预览效果

"图像查看器"可以将多张图像集中到一个小区域随机展示，实现简单的网页特效。用户可以自行设置其他属性来查看更为丰富的效果。

项目 4　插入音频和视频——制作"自娱自乐"网页

项目描述

一个网页,除了有图文并茂的效果以及 Flash 动画元素外,音频和视频元素也是必不可少的,这样才能使网页有声有色,更加吸引人们的眼球。现以"自娱自乐"网页的制作过程来掌握音频和视频在网页中的插入和属性设置方法,以及 JavaApplet 文件和 ShockWave 文件的插入方法。"自娱自乐"网页的效果如图 3-94 所示。

图 3-94　"自娱自乐"网页效果

项目分析

该项目的完成,需制作空白网页,插入视频文件、音频文件、JavaApplet 文件和 Shock-Wave 文件,以及对插入对象属性进行简单的设置。因此,本项目可分解为以下任务:

任务 1　制作空白网页

任务 2　插入视频文件

任务 3　插入插件

任务 4　插入音频文件

项目目标

● 了解网页中插入的视频文件和音频文件的格式

● 掌握在网页中插入视频和音频文件的方法

● 掌握在网页中插入 JavaApplet 文件的方法

● 掌握在网页中插入 ShockWave 文件的方法

任务1　制作空白网页

操作步骤

①在 F 盘根目录下新建一个 sitelx34 文件夹,作为站点文件存放的位置;将"素材"文件夹下"单元 3"中"项目 4"中的素材复制到 sitelx34 文件夹中。

②执行【开始】→【所有程序】→【Adobe Dreamweaver CS3】命令,打开 Dreamweaver CS3 工作窗口;在起始页"新建"栏中单击"Dreamweaver 站点"选项,在弹出的【站点定义】对话框的"高级"标签中定义站点名称为"自娱自乐",并指定站点根目录及图片文件的目录,如图 3-95 所示。

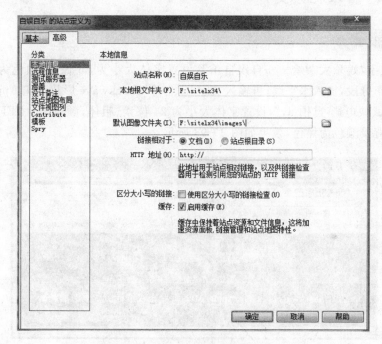

图 3-95　【站点定义】对话框

③单击【确定】按钮,在【文件】面板即显示新建站点"自娱自乐",如图 3-96 所示。

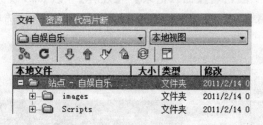

图 3-96　【文件】面板

④在起始页"新建"栏中单击"HTML"选项,新建网页文档;执行【文件】→【保存】命令,将网页保存在站点根目录下,保存文件名为"yule. html",如图 3-97 所示。

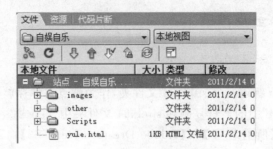

图 3-97　创建 yule.html 网页

任务2　插入视频文件

操作步骤

❶输入文字"娱乐大杂烩——自娱自乐",设置字体大小为 36 像素,颜色为＃FFFF00,居中对齐;回车分段,插入水平线;再输入文字"广告片 Shockwave 影片 JavaApplet 3D 动画片 电视节目 武侠电影 自拍 dv",设置字体大小为 24 像素、粗体,颜色为＃FFFF00,居中对齐;设置页面背景颜色为黑色,效果如图 3-98 所示。

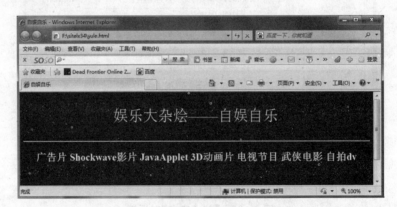

图 3-98　插入文字和水平线效果

❷将光标定位在下一段,执行【插入记录】→【媒体】→【Flash 视频】命令,或者在【插入】栏【常用】类别中单击"媒体"按钮,在下拉菜单中选择"Flash 视频"选项,如图 3-99 所示。

图 3-99　选择 Flash 视频选项

❸在打开的【插入 Flash 视频】对话框中设置视频类型为"累进式下载视频",URL 为"other/guanggao.flv",宽度为 250,高度为 200,勾选"自动播放"、"自动重复播放"和"如果必要,提示用户下载 Flash Player"复选框,如图 3 – 100 所示。

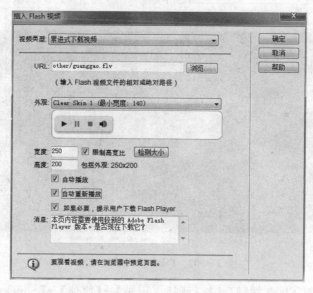

图 3 – 100　【插入 Flash 视频】对话框

贴心·提示

视频类型有两种,即"累进式下载视频"和"流视频"。前者表示将 Flash 视频文件下载到站点访问者的硬盘上,然后播放;后者对 Flash 视频内容进行流式处理,边缓冲边播放。

- URL:指定 Flash 视频的路径,即 flv 文件的路径。
- 外观:默认 Clear Skin1(最小宽度 140)。
- 自动播放:当网页打开时播放视频。
- 自动重新播放:在播放完之后返回起始位置重新播放。

❹单击【确定】按钮,即可插入 Flash 视频,如图 3 – 101 所示。预览效果如图 3 – 102 所示。

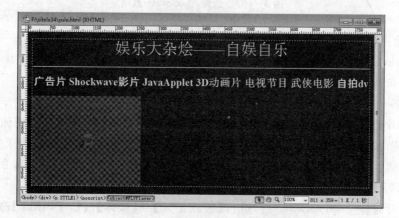

图 3 – 101　文档中插入 Flash 视频

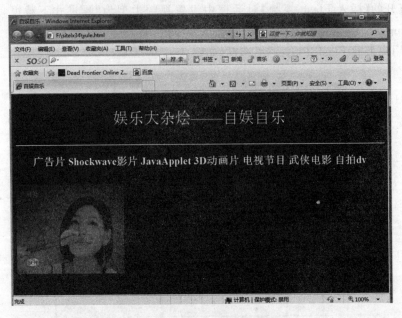

图 3-102　Flash 视频预览效果

❺将光标定位至 Flash 视频后,执行【插入记录】→【媒体】→【Shockwave】命令,或者在【插入】栏【常用】类别中单击"媒体"图标下拉菜单中的 Shockwave 选项,如图 3-103 所示。

图 3-103　选择 Shockwave 选项

⏰**贴心·提示**

Shockwave 影片文件扩展名为 dcr,需要安装 Shockwave Player 才能正常播放。如果选择的文件不在站点目录下,Dreamweaver 会提示用户是否保存至站点目录。

❻在打开的【选择文件】对话框中,选中"流星.dcr"文件,单击【确定】按钮,即可插入 Shockwave 影片。为了便于查看影片效果,需要修改影片的宽和高。在此,为了美观和对齐的需要,在"属性"面板中设置影片宽 250 像素,高 200 像素。效果如图 3-104 所示,预览效果如图 3-105 所示。

❼将光标定位至 Shockwave 后,执行【插入记录】→【媒体】→【APPLET】命令,或者在【插入】栏【常用】类别中单击"媒体"图标下拉菜单中的"APPLET"选项,如图 3-106 所示。

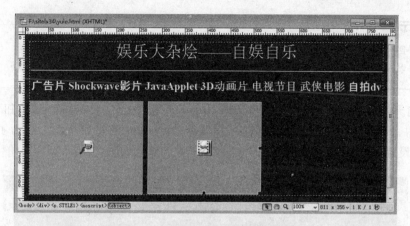

图 3 - 104　在文档中插入 Shockwave 影片

图 3 - 105　Shockwave 影片预览效果

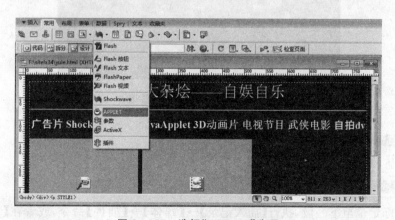

图 3 - 106　选择"APPLET"选项

87

贴心提示

Java Applet 文件扩展名为 class，浏览器必须支持 Java 才能显示效果。一般来讲，Applet 文件插入文档后，需要设置参数才能正常显示 Applet 本身的效果。

⑧在打开的【选择文件】对话框中，选中"flame. class"文件，单击【确定】按钮，即可插入 Applet 文件。为了便于查看 Applet 效果，需要修改 Applet 的宽和高，在此，为了美观和对齐的需要，设置 Applet 文件宽 250 像素，高 80 像素。效果如图 3-107 所示。

图 3-107　在文档中插入 Applet 文件

该 Applet 可以实现燃烧文字的效果，为了设置用户想要显示的文字，必须在代码中插入如下参数：

```
<applet code="flame. class" width="250" height="80">
<param name="Text" value="娱乐大杂烩" />
Sorry, your browser doesn't support Java(tm).
</applet>
```

⑨设置完参数后预览，如果浏览器不支持 Java，则会显示"Sorry, your browser doesn't support Java(tm). "；反之，则会显示燃烧文字的效果，如图 3-108 所示。

图 3-108　Applet 预览效果

任务 3　插入插件

操作步骤

①将光标定位至下一段，执行【插入记录】→【媒体】→【插件】命令，或者在【插入】栏【常用】类别中单击"媒体"图标下拉菜单中的"插件"选项，如图 3-109 所示。

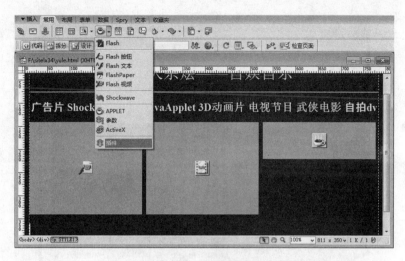

图 3－109　选择插件选项

🕐 **贴心·提示**

在 Dreamweaver 中，除了 Flash 视频外，其他视频音频文件都是通过插件插入的。

❷在打开的【选择文件】对话框中，选中"donghua. avi"文件，单击【确定】按钮，即可插入 AVI 格式的 3D 动画视频。为了便于查看效果，需要修改插件的宽和高，在此，为了美观和对齐的需要，设置 3D 动画视频宽 250 像素，高 200 像素，效果如图 3－110 所示。按 F12 键预览，效果如图 3－111 所示。

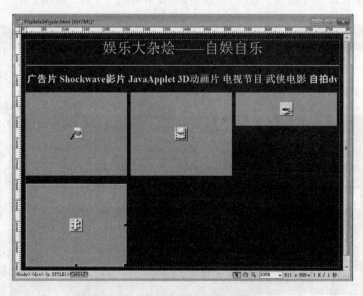

图 3－110　在文档中插入 AVI 视频文件

❸将光标定位在 AVI 视频后，执行【插入记录】→【媒体】→【插件】命令，或者在【插入】栏【常用】类别中单击"媒体"图标下拉菜单中的"插件"选项，打开【选择文件】对话框，选中"刘若英－后来. wmv"文件，单击【确定】按钮，即可插入 WMV 视频文件。在【属性】面板中

图 3-111　AVI 视频预览效果

设置插件的宽和高分别为 250 像素和 200 像素。

④将光标定位至 WMV 视频之后，选中插件图标，再打开【选择文件】对话框，选中"剑雨.mpg"文件，单击【确定】按钮，即可插入 MPG 格式的武侠电影视频。在【属性】面板中设置插件的宽和高分别为 250 像素和 200 像素。

⑤将光标定位至下一段，选中插件图标，再打开【选择文件】对话框，选中"dolphin.mpg"文件，单击【确定】按钮，即可插入 MPG 格式的自拍 DV。在【属性】面板中设置插件的宽和高分别为 250 像素和 200 像素。按 F12 键预览，效果如图 3-112 所示。

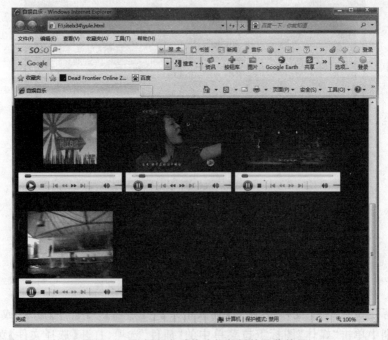

图 3-112　插入多种格式视频插件预览效果

任务 2　插入音频文件

操作步骤

❶音频文件的插入和视频类似,将光标定位至自拍 DV 后,执行【插入记录】→【媒体】→【插件】命令,或者在【插入】栏【常用】类别中单击"媒体"图标下拉列表中的"插件"选项,在打开的【选择文件】对话框中,选中"tianmimi.mp3"文件,单击【确定】按钮,即可插入 MP3 格式的音频文件。修改音频文件的宽和高分别为 250 像素和 50 像素。

❷同样操作,在 MP3 文件之后,插入"gaoshanliushui.mid"文件;修改文件的宽和高分别为 250 像素和 50 像素;按 F12 键在网页中预览,效果如图 3-113 所示。至此,"自娱自乐"网页制作完成。

图 3-113　插入多种格式音频文件预览效果

知识百科

1.网页中视频文件类型

网页中的视频文件格式有很多,如 AVI、WMV、ASF、MPG、RM、RMVB、MOV、FLV 等,本书主要介绍以下 4 种:

1) FLV 文件

FLV(Flash Video)流媒体格式是随着 Flash MX 的推出发展而来的一种新的视频格式。FLV 文件容量小,清晰的 FLV 视频 1min 在 1MB 左右,一部电影在 100MB 左右,是普通视频文件容量的 1/3。再加上 CPU 占有率低、视频质量良好等特点,使其在网络上盛行。目前网上几家著名视频共享网站均采用 FLV 格式文件提供视频。

2) AVI 文件

AVI 英文全称为 Audio Video Interleaved,即音频视频交错格式,是将语音和影像同步组合在一起的文件格式。它对视频文件采用了一种有损压缩方式,但压缩比较高。因此,尽管画面质量不是太好,但其应用范围仍然非常广泛。AVI 支持 256 色和 RLE 压缩。AVI 信息主要应用在多媒体光盘上,用来保存电视、电影等各种影像信息。

3）WMV 文件

WMV 是微软推出的一种流媒体格式，它是由"同门"的 ASF（Advanced Stream Format）格式升级延伸来的。在同等视频质量下，WMV 格式的容量非常小，因此，很适合在网上播放和传输。

4）MPG 文件

MPG 又称 MPEG（Moving Pictures Experts Group），即动态图像专家组。国际标准化组织 ISO 与 IEC（International Electronic Committee）于 1988 年联合成立，该组织专门致力于运动图像（MPEG 视频）及其伴音编码（MPEG 音频）标准化工作。

2. 网页中音频文件类型

网页中的音频文件格式很多，比如 WAV、MP3、AIF、MIDI、RAM、RPM 等，本书主要介绍以下 3 种：

1）MP3 文件

MP3 是一种音频压缩技术，由于这种压缩方式的全称叫 MPEG Audio Layer3，所以人们把它简称为 MP3。MP3 是利用 MPEG Audio Layer 3 的技术，将音乐以 1：10 甚至 1：12 的压缩率，压缩成容量较小的文件。换句话说，能够在音质丢失很小的情况下把文件压缩到更小的程度，而且还非常好地保持了原来的音质。正是因为 MP3 容量小、音质高的特点，使得 MP3 格式几乎成为网上音乐的代名词。

2）MIDI 文件

MIDI 系统实际就是一个作曲、配器、电子模拟的演奏系统。从一个 MIDI 设备转送到另一个 MIDI 设备上去的数据就是 MIDI 信息。MIDI 数据不是数字的音频波形，而是音乐代码或称电子乐谱。MIDI 技术的一大优点是其文件数据量相当小，一个包含有 1min 立体声的数字音频文件需要约 10MB 的存储空间。然而，1min 的 MIDI 音乐文件只有 2KB。

3）WAV 文件

WAV 格式是微软公司开发的一种声音文件格式，也叫波形声音文件，是最早的数字音频格式，被 Windows 平台及其应用程序广泛支持。WAV 格式支持许多压缩算法，支持多种音频位数、采样频率和声道，采用 44.1kHz 的采样频率，16 位量化位数。因此，WAV 的音质与 CD 相差无几，但 WAV 格式对存储空间需求太大不便于交流和传播。

3. 网页中其他多媒体文件

除了常见的视频和音频文件外，网页中还可以添加其他多媒体元素，比如 Shockwave 影片、Java Applet 文件等。

1）Shockwave 影片

Shockwave 影片具有文件小、下载速度快，被目前主流的浏览器支持，所以被广泛应用于网页中。它是使用 Director Shockwave Studio 制作的，像在网页上看到的互动游戏、电影短片等，几乎都是 Shockwave 影片。

2）Java Applet 文件

Java Applet 就是用 Java 语言编写的小应用程序，可以直接嵌入到网页中，并能够产生特殊的效果。在 Java Applet 中，可以实现图形绘制、字体和颜色控制、动画和声音的插入、人机交互及网络交流等功能。

3）ActiveX 对象

ActiveX 是一个开放的集成平台，为开发人员、用户和 Web 生产商提供了一个快速而简便的在 Internet 和 Intranet 创建程序集成和内容的方法。使用 ActiveX，可轻松方便地在 Web 页中插入多媒体效果、交互式对象以及复杂程序，创建高质量多媒体。

项目小结

　　通过制作"自娱自乐"网页，掌握了如何在网页中插入视频文件和音频文件的方法。网页中包括多种视频格式，如 AVI、WMV、MPG、FLV 等，多种音频格式，如 MP3、MIDI 等，还有其他多媒体元素，如 Shockwave 影片、Java Applet 等。另外，还应掌握插入对象属性的设置方法，如大小、对齐方式等属性设置。

项目5　插入超级链接和导航栏——制作"网上逛世博"网站

项目描述

　　一张网页，无论内容多么丰富，即使包括图文并茂的效果、Flash 动画、视频和音频元素，它的表现力还是有限的。网页中只有通过超级链接才能使用其他网络资源，正是因为有了超链接才成就了互联网。现以"网上逛世博"以及"世博服务"网页站点的制作过程来掌握多种超级链接插入和对多种元素添加链接的方法。"网上逛世博"网站的首页效果如图 3-114 所示。

图 3-114　"网上逛世博"首页效果

项目分析

　　完成该项目，需通过创建站点、制作首页空白网页、制作其他分页、向网页中添加多种类型的超级链接（包括内部链接、外部链接、邮件链接、锚点链接以及脚本链接等）以及对多种网页元素添加超级链接(包括文本链接、图像链接、Flash 按钮或 Flash 文本链接等)等操作实现,因此,本项目可分解为以下任务:

任务 1　创建"网上逛世博"网页

任务 2　创建文字超级链接

任务 3　创建图像超级链接

任务 4　创建空链接

任务 5　创建图像热点超级链接

任务 6　创建外部超级链接

任务 7　创建电子邮件超级链接

任务 8　创建文件下载超级链接

任务 9　创建脚本超级链接

任务 10　制作"世博服务"网页

项目目标

- 了解网页中超级链接的类型
- 了解网页中超级链接的路径
- 掌握在网页中创建各种超级链接的方法

任务1　创建"网上逛世博"网页

操作步骤

①在 F 盘根目录下新建一个 sitelx35 文件夹,作为站点文件存放的位置;将"素材"文件夹"单元 3"下"项目 5"中的素材复制到 sitelx35 文件夹中。

②执行【开始】→【所有程序】→【Adobe Dreamweaver CS3】命令,打开 Dreamweaver CS3 工作窗口;在起始页"新建"栏中单击"Dreamweaver 站点"选项,在弹出的【站点定义】对话框的"高级"标签中定义站点名称为"网上逛世博",并指定站点根目录及图片文件的目录,如图 3-115 所示。

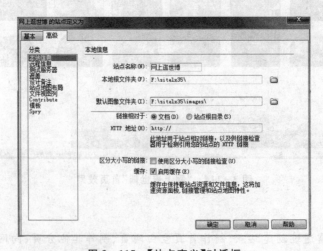

图 3-115　【站点定义】对话框

③单击【确定】按钮，在【文件】面板中即显示新建站点"网上逛世博"，如图 3-116 所示。

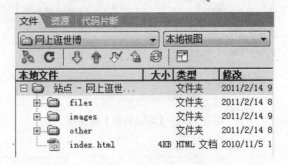

图 3-116　【文件】面板

④在 Dreamweaver CS3 中打开"素材"中的网页 index. html，另存为 wsgsb. html，如图 3-117 所示。

图 3-117　"index. html"网页

任务 2　创建文字超级链接

操作步骤

①选中文字"首页"，执行【插入记录】→【超级链接】命令，或者在【插入】栏【常用】类别中单击"超级链接"按钮 ✎ ，打开【超级链接】对话框；单击"链接"右边的文件夹图标 🗀 ，打开【选择文件】对话框；选择所需的文件"wsgsb. html"，"标题"设为"网上逛世博"，"Tab 键索引"设为 0，如图 3-118 所示；单击【确定】按钮，即可看到文字"首页"变成带下划线的蓝色文字，说明超级链接已经建立。

图 3 - 118 【超级链接】对话框

⏰**贴心提示**

(1)"目标"下拉列表有 4 个选项,含义如下:

● _blank:表示所链接的文件将在一个新的浏览器窗口中打开。

● _parent:表示将所链接的文件载入含有该链接的框架的父框架集或父窗口中。如果包含链接的框架不是嵌套的,则链接文件加载到整个浏览器窗口中。

● _self:表示将所链接的文件载入该链接所在的同一框架或窗口中。

● _top:表示将所链接到的文件载入整个浏览器窗口中,因此会删除所有框架。

(2)"标题"为超级链接的标题。

(3)"访问键":可以输入一个字母,如 a,则使用 Alt+A 就可以选中该对象。

(4)"Tab 键索引":Tab 键编号。

②重复以上步骤,对文字"世博历史、历届世博会、上海世博会、世博服务、世博园地图"文字依次建立超级链接,分别链接至 sbls. html、ljsbh. html、shsbh. html、sbfw. html、sbydt. html 网页。

⏰**贴心提示**

(1)除上述方法外,也可以选中文字"世博历史",设置其【属性】面板上的"链接"属性和"目标"属性来建立超级链接,如图 3 - 119 所示。

(2)也可以先选中文字,单击右键,在弹出的快捷菜单中选择"创建链接"命令来创建超级链接,如图 3 - 120 所示。

图 3 - 119 【属性】面板　　　　　　　　　　　图 3 - 120 快捷菜单

任务3　创建图像超级链接

操作步骤

①选中图像"中国馆",设置其【属性】面板上的"链接"属性和"目标"属性;单击"链接"栏右边文件夹图标,选择"a. html"网页,"目标"设为_blank,即可建立图像的超级链接,如图3-121所示。

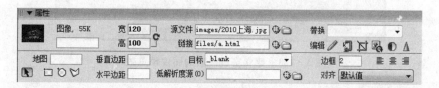

图3-121　图像的【属性】面板

贴心·提示

除了上述方法外,还可以先选中图像,再单击右键,在弹出的快捷菜单中选择"创建链接"命令,创建超级链接。

②同上操作,设置其他图像的超级链接,如图像"沙特馆""日本馆"链接至站点目录下 files 文件夹下的 a. html 网页,而设置"俄罗斯馆""英国馆""美国馆"链接至站点目录下 files 文件夹下的 c. html 网页。创建图像超级链接后,黑色的图像边框变为蓝色,如图 3-122 所示。

图3-122　建立超级链接后的图像边框

任务4　创建空链接

操作步骤

①创建空链接。如果链接的目标文件还没有编辑好,可以首先创建空链接,将来再重新指定链接文件即可。空链接的创建方法很简单,即在"链接"后的对话框中输入"♯"。

②按照上述方法,依次给6组鼠标经过图像创建空链接;按 F12 键预览网页,光标移到

图像上时变为 🖑，单击链接为空，如图 3-123 所示。

图 3-123　建立空链接后的图像预览效果

任务5　创建图像热点超级链接

操作步骤

①上述一幅图像只能创建一个超级链接，即链接至一个文件。要想在一幅图像上设置多个超级链接，就需要设置图像的热点超级链接。选中"世博地图1.png"图片，在【属性】面板左下角的 4 个热点工具（如图 3-124 所示）中选择"矩形热点工具" □，在图像上按住鼠标左键不放，在 🔲 周围拖动鼠标创建一个矩形热点区域，如图 3-125 所示。

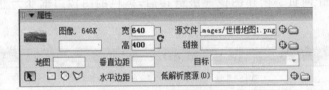

图 3-124　选择图像热点工具

图 3-125　绘制矩形热点区域

②单击"指针热点工具" 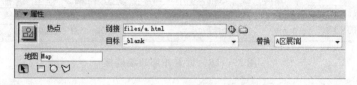 ，调节热点位置和大小。

③在【属性】面板上设置热点的"链接"为 a. html，"目标"为 _blank，"替换"为 A 区展馆，如图 3－126 所示。

图 3－126　设置热点属性

④采用同样的方法，选择"多边形热点工具" ，设置 B、C、D、E 区域的热点链接，分别设置"链接"为 b. html、c. html、d. html 和 e. html，"目标"均为 _blank，"替换"分别为 B 区展馆、C 区展馆、D 区展馆和 E 区展馆。按 F12 键预览网页，当光标移到图像上热点区域时变为 ，单击即可链接至目标网页，如图 3－127 所示。

图 3－127　预览图像热点超级链接效果

任务 6　创建外部超级链接

操作步骤

①与上述超级链接不同，外部超级链接通常是从一个网站链接至另一个网站，而上述超级链接都是在站点目录下的链接，即内部链接。外部超级链接很常见，譬如网络上的"友情链接"等。选中网页中的 　　　　图像，在【属性】面板上设置"链接"属性为 http://www.expo2010.cn/，"目标"为 _blank，如图 3－128 所示。此时，图像周围出现蓝色边框，表

示超级链接已经创建好。

图 3-128　设置外部超级链接

②保存该网页,按 F12 键预览网页;单击图像 ![img]，即可链接至世博网官方网站,如图 3-129 所示。

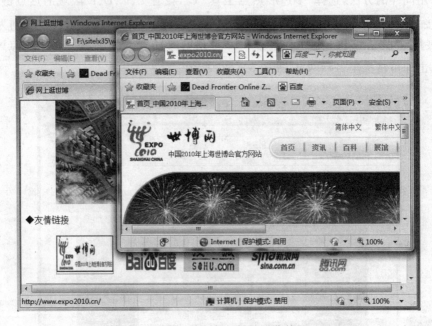

图 3-129　外部超级链接预览效果

③采用同样方法,分别设置图像 ![百度]、![搜狐]、![sina] 和 ![腾讯网] 链接至相应的官方网站,如图 3-130 所示。

图 3-130　建立外部链接的图像

任务 7　创建电子邮件超级链接

操作步骤

①电子邮件超级链接一般指添加一个邮箱地址,单击后,会打开默认的收发电子邮件程序。选中文档中的文字"expoweb@expo2010.gov.cn",执行【插入记录】→【电子邮件链接】命令,或者在【插入】栏【常用】类别中单击"电子邮件链接"按钮 🖃 ,打开【电子邮件链接】对话框,输入 E-Mail 地址 expoweb@expo2010.gov.cn,如图 3-131 所示。

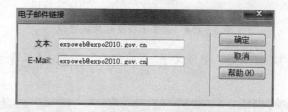

图 3-131　【电子邮件链接】对话框

贴心·提示

除了上述方法外,还可以在【属性】面板的"链接"栏内输入"mailto：expoweb@expo2010.gov.cn"来创建电子邮件链接,"目标"为"_blank",如图 3-132 所示。

图 3-132　【属性】面板上设置电子邮件链接

②单击【确定】按钮,保存网页;按 F12 键预览,单击文字"expoweb@expo2010.gov.cn",打开邮件收发程序,如图 3-133 所示。

图 3-133　电子邮件链接预览效果

任务8 创建文件下载超级链接

操作步骤

① 选择文字"下载中心",在【属性】面板上设置"链接"属性为站点目录下 other 文件夹下的"上海世博会主题内容手册.rar"文件,如图 3-134 所示。

图 3-134 设置下载文件超级链接

② 保存文件,按 F12 键预览。单击文字"下载中心",会显示【文件下载】对话框,如图 3-135 所示。

图 3-135 下载文件超级链接预览效果

任务9 创建脚本超级链接

操作步骤

① 脚本链接是指调用脚本代码进行的特殊链接。譬如网上经常使用的"关闭窗口"就可以调用 javascript 脚本实现。选中文档中的文字"关闭窗口",在【属性】面板的"链接"栏输入"javascript:window. close()"来实现脚本链接,如图 3-136 所示。

图 3-136 设置脚本链接

②保存文件,按 F12 键预览网页效果。如图 3-137 所示,此时将弹出一个信息框,可以选择"是"或者"否"来关闭窗口或者取消关闭。至此,"网上逛世博"网页就制作完成了。

图 3-137 预览关闭窗口

任务 10 制作"世博服务"网页

操作步骤

①打开"素材"sbfw0.html 网页,另存为 sbfw.html。由于该页面比较长,这里通过插入锚点链接,将文档中的文字或图像链接到文档中指定的位置。文档可以是当前文档,也可以是不同文档。

②将光标定位至"世博服务"附近,执行【插入记录】→【命名锚记】命令,或者在【插入】栏【常用】类别中单击"命名锚记"图标🏓,打开【命名锚记】对话框,在"锚记名称"栏输入 top,如图 3-138 所示。

③单击【确定】按钮,即可在"世博服务"附近插入命名锚记符号,如图 3-139 所示。

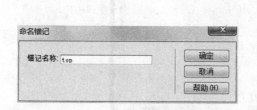

图 3-138 【命名锚记】对话框

图 3-139 命名锚记插入后的效果

④采用同样的方法,分别在页面下方的"购票电话"附近插入命名锚记 gpdh,"交通服

务"附近插入命名锚记 jtfw,"服务点服务"附近插入命名锚记 fwdfw,"园区餐饮"附近插入命名锚记 yqcy,"预约服务"附近插入命名锚记 yyfw,"特许商品"附近插入命名锚记 txsp,"天气服务"附近插入命名锚记 tqfw。

⑤建立锚点链接。选中页面顶部的文字"购票电话",在其【属性】面板的"链接"栏输入 #gpdh,就可以实现锚点链接了,如图 3-140 所示。

图 3-140 建立锚点链接

⑥设置完成后,文字"购票电话"变为带下划线的蓝色文字,如图 3-141 所示。预览网页,单击"购票电话",就会链接到本页面的 gpdh 锚点位置,地址栏显示 sbfw. html#gpdh,如图 3-142 所示。

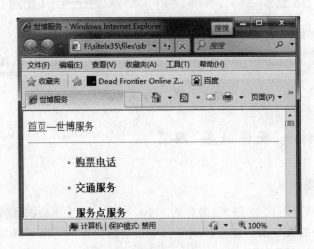

图 3-141 锚点链接预览效果

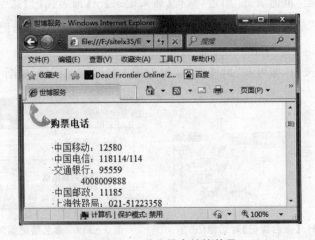

图 3-142 单击锚点链接效果

⑦采用同样方法,设置文字"交通服务"的"链接"属性为♯jtfw,设置文字"服务点服务"的"链接"属性为♯fwdfw,设置文字"园区餐饮"的"链接"属性为♯yqcy,设置文字"预约服务"的"链接"属性为♯yyfw,设置文字"特许商品"的"链接"属性为♯txsp,设置文字"天气服务"的"链接"属性为♯tqfw。

⑧将所有文字的"返回""链接"属性设置为♯top;保存网页,按 F12 键预览网页;单击任意链接文字,如"园区餐饮",页面将链接至锚点 yqcy 的位置,地址栏显示 sbfw.html♯yqcy,如图 3－143 所示;单击"返回",页面返回顶端,地址栏显示 sbfw.html♯top,如图 3－144 所示。至此,"世博服务"网页就全部制作完成了。

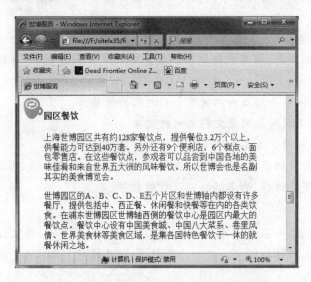

图 3－143　单击"园区餐饮"锚点链接效果

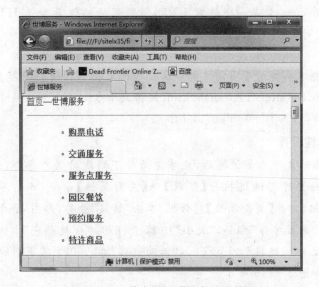

图 3－144　单击"返回"锚点链接效果

105

知识百科

1. 超级链接概述

1）超级链接

超级链接是指从一个网页到另一个网页对象的链接关系。这个目标可以是另一个网页，也可以是相同网页上的不同位置，还可以是一个图片，一个电子邮件地址，一个文件，甚至是一个应用程序。而在一个网页中用来超级链接的对象，可以是一段文本或者是一幅图片。当浏览者单击已经链接的文字或图片后，链接目标将显示在浏览器上，并且根据目标的类型来打开或运行。

2）超级链接的类型

按照链接路径的不同，网页中超链接一般分为以下 3 种类型：内部链接、外部链接和锚点链接。

● 内部链接：在同一个站点内部网页文档之间的链接。

● 外部链接：在不同网站网页文档之间的链接。

● 锚点链接：同一网页或不同网页指定位置的链接。

如果按照使用对象的不同，网页中的链接又可以分为：文本链接、图像链接、电子邮件链接、锚点链接、文件下载链接、脚本链接以及空链接等。

2. 链接路径

在网页上唯一定位一张网页地址的是 URL（Uniform Resource Locator），称其为统一资源定位符。网页上的链接路径一般分为两种：一种是绝对 URL，另一种是相对 URL。

1）绝对 URL

绝对 URL 提供所链接文档的完整 URL 地址，而且包括所使用的网络协议的类型。如 http://www.baidu.com 就是一个绝对 URL，所使用的协议类型是 HTTP；ftp://10.41.181.10 也是一个绝对 URL，所使用的协议是 FTP。

2）相对 URL

相对 URL 是指省略掉对于当前文档和所链接的文档都相同的绝对 URL 部分，而只提供不同的部分，比如 F:\sitelx35\wsgsb.html 链接到 F:\sitelx35\files\shibohui.html，可以把 F:\sitelx35 去掉，只用 files\shibohui.html。

3. 超级链接属性设置

上述操作中，当给文字添加链接后，文字变为带下划线的蓝色字样，这是 Dreamweaver 默认的链接属性，用户可以通过执行【修改】→【页面属性】命令，或者单击【属性】栏中的 `页面属性...` 按钮，打开【页面属性】对话框，单击"链接"分类，如图 3－145 所示。

用户可以设置"链接字体"倾斜，"大小"10 像素（px），"链接颜色"＃00FF00，"变换图像链接"＃00FF00，"已访问链接"＃FFFF00，"活动链接"＃9900FF，"下划线样式"仅在变换图像时显示下划线，如图 3－146 所示。

单击【确定】按钮，按 F12 键预览网页，效果如图 3－147 所示。

4. 为 Flash 按钮和 Flash 文本添加超级链接

打开本单元项目 3"美丽的动漫世界"网页，为 Flash 按钮"喜羊羊"添加超级链接：选中

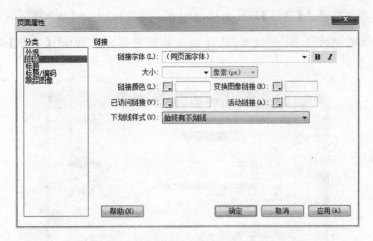

图 3-145 【页面属性】对话框的"链接"分类

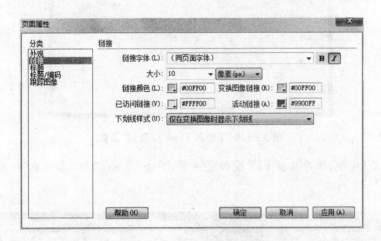

图 3-146 设置"链接"属性

图 3-147 修改"链接"属性后的效果

Flash 按钮"喜羊羊",单击【属性】面板上的 <u>编辑...</u> 按钮,打开【插入 Flash 按钮】对话框;单击"链接"属性右边的 <u>浏览...</u> 按钮,选择站点目录下的 xyy.html,【目标】设为_blank,如图 3-148 所示。

图 3-148 【插入 Flash 按钮】对话框

单击【确定】按钮,保存后按 F12 键预览网页,单击 Flash 按钮"喜羊羊"即可链接至 xyy.html,如图 3-149 所示。

图 3-149 预览效果

同样的方法可以设置 Flash 文本的"链接"属性。

项目小结

　　通过制作"网上逛世博"和"世博服务"网页,学习了如何在网页中插入超级链接,包括多种类型的超级链接,如文本链接,图像链接,Flash 按钮和 Flash 文本链接,电子邮件链接,锚点链接,文件下载链接,脚本链接以及空链接等。

单 元 小 结

本单元共完成 5 个项目,学完后应该有以下收获:
(1) 熟练掌握网页中文本的插入和设置方法。
(2) 熟练掌握网页中图像的插入和设置方法。
(3) 掌握网页中动画的插入和设置方法。
(4) 了解网页中视频和音频的插入和设置方法。
(5) 掌握在网页中插入超级链接和导航栏的方法。

实训与练习

1. 实训题

　　(1) 制作如图 3-150 所示网页,素材位于"单元 3"\"实训"文件夹下。网页以节日为主题,插入 Flash 文本、Flash 按钮和 Flash 影片。

　　提示:"节日主题"为 Flash 文本;4 个 Flash 按钮为 Glass-Purple 样式,字体为宋体,大小 15;4 个 Flash 影片宽和高相同,分别为 300 像素和 225 像素。

图 3-150　节日主题网页效果

　　(2) 制作如图 3-151 所示网页,素材位于"单元 3"\"实训"文件夹下。网页以汽车为主题,插入文本元素、图像、鼠标经过图像和超级链接。

图 3-151　汽车主题网页

贴心提示

6 个导航图像为鼠标经过图像，图像宽和高分别为 150 像素和 120 像素；另外，"首页"链接至 shixun2.html，"新车上市"链接至 xcss.html，"汽车品牌"链接至 qcpp.html，"购车资讯"链接至 gczx.html；网页下方 邮箱：qiche123@163.com | 关闭窗口 分别是电子邮件链接和脚本链接。

2.练习题

(1) 填空题

①在 Dreamweaver 中输入文本时，按_____键分段，按_____键换行。

②网页中常用的图像格式有_____、_____和_____3 种。

③网页中常用的视频格式有_____、_____、_____和_____4 种。

④网页中常用的音频格式有_____和_____2 种。

⑤超级链接的类型按路径可分为_____、_____和_____3 种。

(2) 选择题

①关于鼠标经过图像，下列说法不正确的是(　　)。

A. 鼠标经过图像效果是通过 HTML 语言实现的。

B. 设置鼠标经过图像时，需要设置一幅图片为原始图像，另一幅为鼠标经过图像。

C. 可以设置鼠标经过图像的提示文字与链接。

D. 要制作鼠标经过图像，必须准备两种图像。

②不能作为 Dreamweaver 外部图像编辑器的软件是(　　)。

A. Photoshop　　　　　　B. Fireworks　　　　　C. VB　　　　　　D. ACDsee

③下面为插入图像按钮的是(　　)。

A. 　　　　　　　　B. 　　　　　　　　C. 　　　　　　　　D.

④创建空链接所使用的符号是(　　)。

A. &　　　　　　　　B. ♯　　　　　　　　C. @　　　　　　　　D. *

⑤将链接目标文件载入该链接所在的同一框架或窗口中，链接"目标"属性应设置为(　　)。

A. _blank　　　　　　B. _parent　　　　　C. _self　　　　　D. _top

布 局 网 页

第4单元

本单元通过 5 个项目的分析、讲解过程，详细介绍了如何利用表格、布局表格、框架、AP DIV 及模板和库在网页制作中组织网页内容，帮助用户设计出布局合理、结构协调、美观匀称的网页。

本单元由以下 6 个项目组成：

项目 1　使用表格布局网页

项目 2　使用布局表格布局网页

项目 3　使用框架布局网页

项目 4　使用 AP DIV 布局网页

项目 5　使用模板布局网页

项目 6　使用库布局网页

项目1　使用表格布局网页

项目描述

表格是网页设计中用得最多的元素之一,利用表格来组织网页内容,可以设计出布局合理、结构协调、美观匀称的网页。本项目利用表格完成"淘宝网商品信息页"布局,效果如图4-1所示。

图4-1　淘宝网商品信息页

项目分析

"淘宝网商品信息页"页面里包含有漂亮的图像和文字,要将这些独立元素有序地组织在一起,首先需要建立页面布局框架,这里使用表格来完成,然后在框架中输入文本和插入图片。因此,本项目可分解为以下任务:

任务1　创建空白网页

任务2　利用表格布局网页

项目目标

● 掌握表格的基本操作和表格属性设置方法

● 掌握利用表格布局网页的步骤和方法

任务1　创建空白网页

操作步骤

①在本机 F 盘根目录下创建站点目录文件夹 sitelx41,将保存在素材\单元 4\项目 1\taobao\中的 img 素材文件夹拷贝至站点目录下;启动 Dreamweaver CS3,新建站点"淘宝商品信息",保存在站点文件夹中;新建 HTML 页面,保存为 index. html。如图 4-2 所示。

图 4-2　【文件】面板

②执行【修改】→【页面属性】命令,弹出【页面属性】对话框;在"外观"分类中设置"文本颜色"为♯333333,"页面字体"为宋体,大小为 12 像素,设置左边距、右边距、上边距、下边距都为"0",如图 4-3 所示;单击【应用】按钮完成设置。

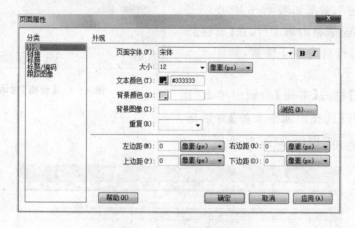

图 4-3　【页面属性】对话框

③在【页面属性】对话框中,选择"标题/编码"分类,设置网页标题为"淘宝网商品信息页",如图 4-4 所示。单击【确定】按钮完成页面属性的设置。

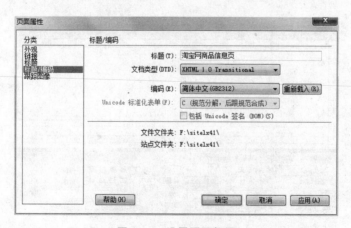

图 4-4　设置网页标题

113

任务 2　利用表格布局网页

操作步骤

①分析"淘宝网商品信息页"分为上、中、下三个部分,需要插入一个 3 行 1 列的表格。执行【插入记录】→【表格】命令,打开【表格】对话框,在"表格大小"栏中设置"行数"为 3,"列数"为 1,"表格宽度"为 952 像素,"边框粗细"为 0 像素,"单元格边距"和"单元间距"均为 0 像素,如图 4-5 所示。

②单击【确定】按钮,在文档中插入一个 3 行 1 列的表格,在【属性】面板中设置表格对齐方式为"居中对齐",效果如图 4-6 所示。

③将光标移至表格的第 1 行,在【属性】面板中设置第 1 行行高为 140 像素,如图 4-7 所示。

④在【插入】栏的【常用】类别中单击"图像"按钮,打开【选择图像源文件】对话框,选择"index - top. gif"图片,如图 4-8 所示。

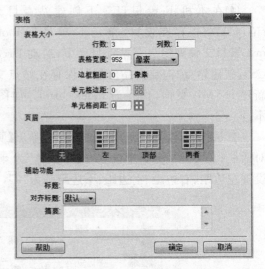

图 4-5　【表格】对话框

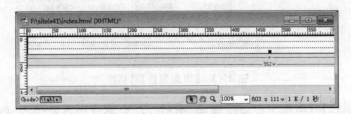

图 4-6　插入 3 行 1 列的表格

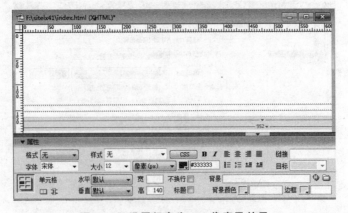

图 4-7　设置行高为 140 像素及效果

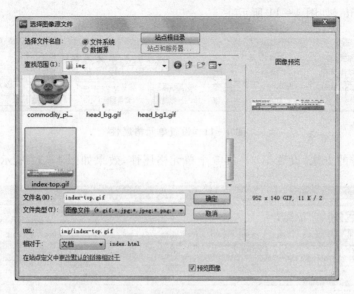

图 4-8　【选择图像源文件】对话框

⑤单击【确定】按钮,则在表格第 1 行插入图片。至此,网页头部分布局和制作完成,效果如图 4-9 所示。

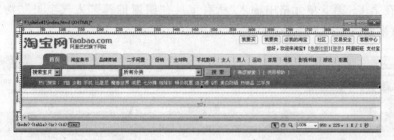

图 4-9　表格中插入图片后的效果

⑥布局主体部分。将光标定位到表格的第 2 行,执行【插入记录】→【表格】命令,打开【表格】对话框,插入一个 11 行 1 列的嵌套表格,表格宽度为 100%,边框粗细、单元格边距和间距均设置为 0 像素,如图 4-10 所示。

⑦将光标定位在嵌套表格的第 1 行,设置行高为"10"像素,作为一个空白行,用于间隔网页头区和网页主体部分。

⑧将光标定位在嵌套表格的第 2 行,执行【插入记录】→【表格】命令,插入一个 1 行 6 列的表格,用于放置导航栏链接。

⑨将光标定位在第 1 个单元格,设置单元格高度为 26 像素,宽度为 88 像素,选择背景图片为

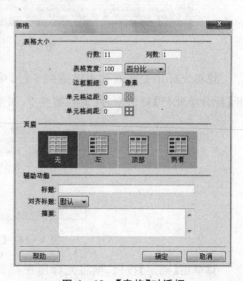

图 4-10　【表格】对话框

115

"button 1_bg. gif",如图 4-11 所示。

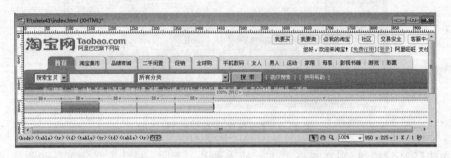

图 4-11   设置单元格属性

⑩按照同样的方法,设置第 2～第 5 个单元格属性,效果如图 4-12 所示。

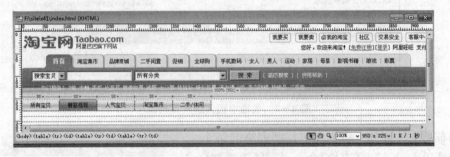

图 4-12   设置第 2～第 5 单元格属性

⑪依次在第 1～第 5 单元格中输入"所有宝贝""橱窗推荐""人气宝贝""淘宝集市""二手/休闲",效果如图 4-13 所示。

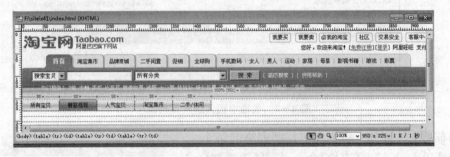

图 4-13   插入文本后的效果

⑫将光标定位在嵌套表格的第 3 行,单击【属性】面板左下角的拆分单元格按钮,打开【拆分单元格】对话框,设置列数为 3,如图 4-14 所示。

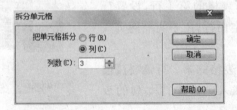

图 4-14   【拆分单元格】对话框

⑬单击【确定】按钮,则将光标所在行拆分成 3 列。在【属性】面板中设置单元格对齐方式为"水平居中",高度为 25 像素,宽度适当调整,依次在 3 个单元格中输入文字"宝贝图片"

"宝贝名称/卖家/阿里旺旺""价格",效果如图 4-15 所示。

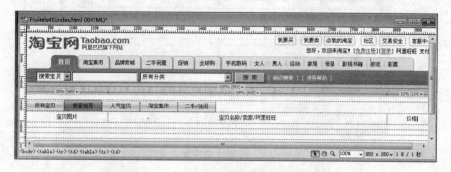

图 4-15　调整单元格宽、高和对齐方式

⑭将光标定位到嵌套表格的第 4 行,执行【插入记录】→【HTML】→【水平线】命令,插入水平线;在【属性】面板中设置水平线宽为 100%,高为 1 像素,如图 4-16 所示。

图 4-16　设置水平线宽、高

⑮将光标定位到嵌套表格的第 5 行,在【插入】栏的【常用】类别中,单击"表格"按钮<img>,插入一个 1 行 3 列的表格。

⑯选择第 1 个单元格,在【属性】面板中设置对齐方式为"居中对齐",宽为 16%,高为 120 像素;在【插入】栏的【常用】类别中,单击"图像"按钮<img>,在打开的【选择图像源文件】对话框中选择"commodity_huaping.jpg"图片,单击【确定】按钮,效果如图 4-17 所示。

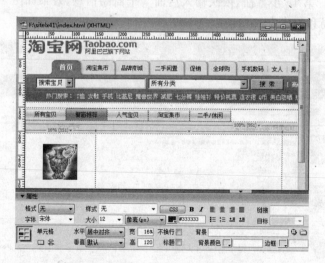

图 4-17　单元格属性设置及插入图片

⑰将光标定位到第 2 个单元格,插入一个 2 行 1 列的表格;设置单元格高为 30 像素,分别输入文本"三国群英传免费区(电信/网通各区都有货)玉露酒一组 250 个 3.3 元""卖家:ling112233",效果如图 4-18 所示。

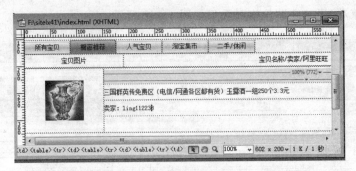

图 4-18   在单元格中输入文本

⑱将光标定位到第 3 个单元格,插入一个 2 行 1 列的表格;设置单元格属性为"水平"居中对齐,行高为 20;分别输入文字"一口价"和"283.30"后,效果如图 4-19 所示。

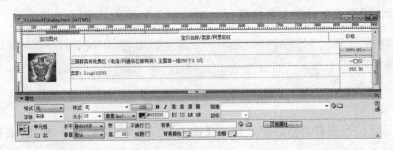

图 4-19   单元格属性设置及输入文本

⑲将光标定位到嵌套表格的第 6 行,执行【插入记录】→【HTML】→【水平线】命令,插入水平线;在【属性】面板中设置水平线宽为 100%,高为 1 像素。

⑳按照第 16～第 19 步方法,依次输入后面 3 个商品信息,效果如图 4-20 所示。至此,网页主体部分布局和制作完成。

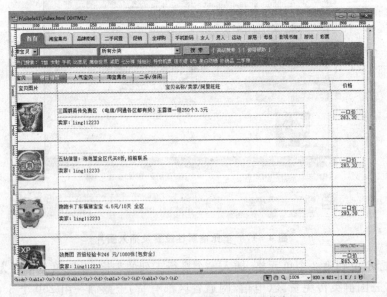

图 4-20   依次输入后续 3 种商品信息

㉑将光标定位到表格第 3 行,制作法律和版权声明区部分。在【属性】面板中设置行高为 132;单击【插入】栏【常用】类别中的"图像"按钮 ,打开【选择图像源文件】对话框,选择"bottom. giff"图片,效果如图 4 - 21 所示。自此利用表格布局和制作页面完成。

图 4 - 21　法律和版权声明区

⏰ **贴心提示**

(1) 布局网页的步骤:

①分析网页的结构,清楚布局的顺序。

②在插入背景图像时,要先设置好对应单元格的大小。

(2) 新建表格的时候,如果没有指定边框的粗细或单元格间距和边距值,浏览器会默认单元格边距为 1,间距为 2。

(3) 在设置同一行表格中的多个单元格高度时,只要设置一个单元格高度,其他单元格高度也会随之发生变化。

(4) 使用表格排版的页面在不同平台、不同分辨率的浏览器里都能保持其原有的布局,且在不同平台有较好的兼容性。

📖 **知识百科**

1. 表格简介

表格是网页设计制作中不可缺少的重要元素,它以简洁明了和高效快捷的方式将数据、文本、图片、表单等网页元素合理有序地布局在页面上,使页面结构整齐,版面清晰。不太复杂的网页一般都利用表格进行网页布局。

2. 表格的各种操作

1) 表格的各项参数

● 行数:设置表格行的数目。

● 列数:设置表格列的数目。

● 表格宽度:设置表格的宽度。单位有两种:一是像素(默认单位),二是百分比(%)。

● 边框粗细:设置表格边框线的宽度(单位:像素)。

● 单元格边距:确定单元格边框与单元格内容之间的像素值。

● 单元格间距:决定相邻的表格单元格之间的像素值。

2) 创建表格

需在 Dreamweaver CS3 中创建表格,单击【插入】栏【常用】类别中的"表格"按钮 ⊞,在

119

弹出的【表格】对话框中设置参数,即可在网页文档中插入表格。

3)表格的对齐方式

表格的对齐方式分为两种:指定表格自身位置的对齐方式和指定表格内容的对齐方式。表格自身位置的对齐方式是在表格的【属性】面板"对齐"下拉列表框中设置的,表格内容的对齐方式是利用【属性】面板中对齐方式按钮设置的。

4)拆分和合并单元格

选中需要拆分或合并的单元格,单击【属性】面板左下角的拆分或合并单元格按钮即可。

5)在表格中插入背景图像

在 Dreamweaver CS3 中不仅可以为表格指定背景图像,也可以为表格中的特定单元格指定背景图像。在表格中插入背景图像并填充表格空间,可以设计出漂亮的网页效果。

6)嵌套表格

就是在表格或单元格中再插入表格。

7)插入内容

主要是在表格或单元格中插入文本、背景图像。

8)用表格进行网页布局的步骤

①构思:根据制作好的效果图进行层次划分,构思如何合理地对创建的表格进行布局。

②初步布局:根据之前的构思,再创建整个页面大的表格结构。

③填充内容:在初步布局的基础上,继续插入表格细分结构或直接插入内容,则页面布局基本完成。

④细化布局、内容:完善页面,包括继续插入表格或插入内容,对不合理的地方进行调整。

 项目小结

通过"淘宝网商品信息页"的制作,可以看到利用"表格布局"这种方法以简洁明了和高效快捷的方式把文本、图片、表格等元素有序地组织在网页上,从而设计出漂亮的页面版式。所以,表格是网页制作中最常用的布局方式之一。

项目2 使用布局表格布局网页

项目描述

利用 Dreamweaver CS3 的布局模式功能,可以轻松地制作出复杂的页面布局。本项目利用布局模式功能制作"CMS 后台管理系统"网页,效果如图 4-22 所示。

图 4-22 CMS 后台管理系统效果

项目分析

本项目所要完成的"CMS 后台管理系统"页面,首先利用布局表格进行网页布局,然后添加各种网页元素。因此,本项目可分解为以下任务:

任务 1 利用布局表格功能进行页面布局

任务 2 给页面添加图片、文字、文本框等页面元素

项目目标

掌握在布局表格中插入文本和图像等页面元素的方法

任务 1 利用布局表格功能进行页面布局

操作步骤

①在本机 F 盘根目录下创建站点目录文件夹 sitelx42,将"素材\单元 4\项目 2\admin\"中的 images 素材文件夹拷贝至站点目录下;启动 Dreamweaver CS3,新建站点"CMS 后台管理",保存在站点文件夹中;新建 HTML 页面,保存为 admin.html,如图 4 - 23 所示。

②执行【查看】→【表格模式】→【布局模式】命令,弹出【从布局模式开始】对话框,如图 4 - 24 所示。

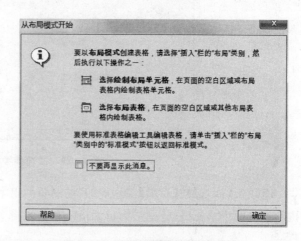

图 4 - 23 【文件】面板   图 4 - 24 【从布局模式开始】对话框

③单击【确定】按钮,选择【插入】栏【布局】类别中的"绘制布局表格"按钮,在文档窗口中拖动鼠标绘制一个布局表格,如图 4 - 25 所示。

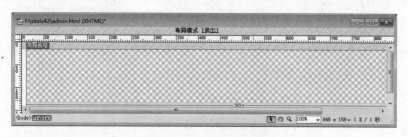

图 4 - 25 绘制布局表格

121

④在【属性】面板中设置表格宽 1 000 像素,高 700 像素,填充和间距都为 0 像素,背景颜色为♯E1F3FF,如图 4 - 26 所示。

图 4 - 26　设置表格属性

⑤利用参考线方法,定位"CMS 后台登录系统"的主界面:水平方向从顶端标尺位置向下拖动鼠标绘制 3 条参考线,它们依次对应标尺位置 190、245 和 510 像素;垂直方向从左边标尺位置向右拖动鼠标绘制 2 条参考线,它们依次对应标尺位置 272 和 872 像素,如图 4 - 27 所示。

图 4 - 27　添加参考线效果

⑥单击【插入】栏【布局】类别中的"绘制布局单元格"按钮 ,依次在中间上下两个区域内绘制出两个单元格,分别记为单元格 1 和单元格 2,如图 4 - 28 所示。

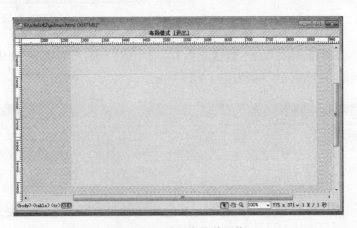

图 4 - 28　绘制布局单元格

⑦在单元格 1 中利用上述绘制参考线的方法,绘制如图 4-29 所示的单元格,记为单元格 3,并设置宽为 258 像素,高为 55 像素。

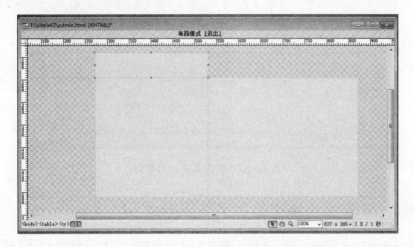

图 4-29　绘制单元格 3

⑧将光标定位到单元格 2 中,按照上述的方法,依次插入两个布局单元格,分别记为单元格 4 和单元格 5;设置单元格 4 宽 251 像素,高 252 像素;设置单元格 5 宽 348 像素,高 252 像素。如图 4-30 所示。

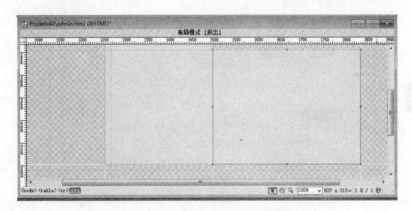

图 4-30　绘制单元格 4 和单元格 5

⑨将光标定位到单元格 5,设置对齐方式为垂直"底部",水平"居中对齐",如图 4-31 所示。

图 4-31　设置单元格 5 对齐方式

⑩布局完毕,单击布局表格顶端【退出】按钮,退出布局模式;单击【插入】栏【常用】类别中的"表格"按钮，插入一个 3 行 3 列的表格,记为表格 1,如图 4-32 所示。

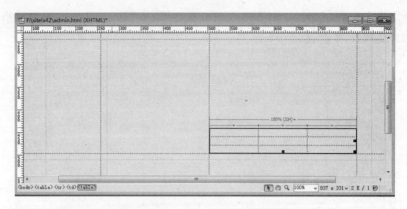

图 4 - 32　插入 3 行 3 列表格

任务 2　在布局表格中插入文本和图片

❶将光标定位在单元格 3，执行【插入记录】→【图像】命令，打开如图 4 - 33 所示【选择图像源文件】对话框，选择站点目录所在文件夹下的 images 里的"login_03. gif"图片。

图 4 - 33　【选择图像源文件】对话框

❷单击【确定】按钮，效果如图 4 - 34 所示。

图 4 - 34　插入图片后的效果

❸将光标定位在单元格 2,在【属性】面板中设置背景图片为"login_05",效果如图 4-35
所示。

图 4-35　给单元格 2 插入背景图片

❹将光标定位到单元格 4,单击"插入"栏"常用"类别中的"图像"按钮█,在打开的【选
择图像源文件】对话框中选择"jkk.gif"图片,单击【确定】按钮;在"属性"面板中设置单元格
水平"居中对齐",垂直"居中",效果如图 4-36 所示。

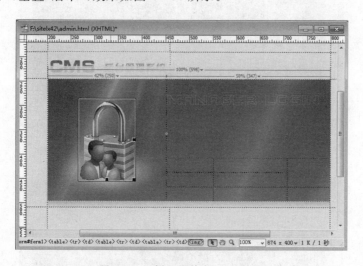

图 4-36　插入图片 jkk.gif 效果

❺将光标定位到表格 1,在【属性】面板中设置每行高度为 30 像素,第 1 列右对齐,第 2
列居中对齐,并将表格第 3 列的前 2 行单元格合并,效果如图 4-37 所示。

❻在表格第 1 列前 2 行分别输入文字"用户名:""密码:",设置字体颜色为白色,效果如
图 4-38 所示。

❼将光标定位在第 2 列的第 1 行,单击【插入】栏【表单】类别中的"文本字段"按钮█,
插入文本字段;同样,在第 2 行也插入文本字段,效果如图 4-39 所示。

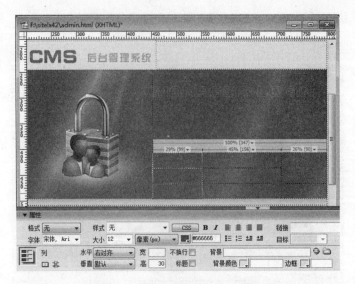

图 4-37　设置表格属性及效果

图 4-38　输入文字

图 4-39　插入文本字段

⑧设置文本字符宽度为 20 像素,类别为单行,如图 4-40 所示。

图 4-40　设置文本字段宽度及类别

⑨在表格第 3 列插入图片 dl.gif,并设置图片所在单元格水平"居中对齐",垂直"居中",宽为 26％,效果如图 4-41 所示;保存文件。至此,"CMS 后台管理系统"网页制作完成。

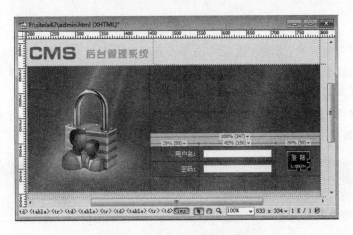

图 4-41　插入 dl.gif 图片效果

知识百科

1. 布局模式功能介绍

要使用布局模式功能,需要从标准模式转换为布局模式。执行【查看】→【表格模式】→【布局模式】命令,或按【Alt＋F6】组合键就可以切换到布局模式。单击布局模式窗口上的【退出】,就可以退出布局模式。

2. 布局模式相关知识

1) 创建布局表格的方法

在创建布局表格时,表格的大小是由鼠标拖动的范围确定的。需要注意的是,不能直接在布局表格的旁边插入其他布局表格,只能在布局表格内或下方添加其他布局表格。

2) 调整布局表格的大小和位置

当选择布局表格时,将出现 8 个控制点,拖动其中一个控制点到目标位置,就可以修改表格的大小。若要移动表格的位置,可以按住左上角的"布局表格"标签不放,将表格拖动到目标位置即可。

3) 设置布局表格背景色

为布局表格添加背景色与一般表格方法一样。

4) 在布局表格中插入文本和图像

在布局模式中插入文本和图像的方法与在标准模式下一般表格中插入方法一样。

项目小结

　　利用布局表格方法布局网页,比较灵活方便,网页开发人员在分析完网页布局之后,可以进入布局模式,直接在所需要的位置绘制布局表格和布局单元格即可。

项目 3　使用框架布局网页

项目描述

　　使用表格布局网页时,需要重复制作与各个导航链接所对应的网页文档,而且每个网页文档都必须分别设置链接。因此,在制作数量较多的网页文档时,步骤就显得比较繁琐。利用框架设计网页布局时,只要单击导航链接,就可以在可变更的区域内显示相应的链接内容。本项目以利用"上左右"样式的框架制作"百度新闻页"为例,来介绍利用框架布局网页的方法,效果如图 4-42 所示。

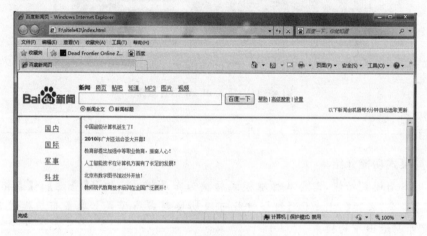

图 4-42　"百度新闻页"效果

项目分析

　　本项目的页面框架由页头区和主体区构成,其中主体区分为左侧导航区和右侧的主体内容区,所有的新闻均在主体内容区显示。完成本项目,首先要利用框架进行网页布局,然后设置导航文字及输入各页不同的主体内容。因此,本项目可分解为以下任务:

　　任务 1　利用框架进行页面布局

　　任务 2　设置导航链接

　　任务 3　输入各页的主体内容

项目目标

● 了解框架和框架集概念

● 掌握利用框架布局网页的方法

任务 1 利用框架进行页面布局

操作步骤

①在本机 F 盘根目录下创建站点目录文件夹 sitelx43,将"素材\单元 4\项目 3\baidu\"中的 img 素材文件夹内容拷贝至站点目录下的 images 文件夹下;启动 Dreamweaver CS3,新建站点"百度新闻页",保存在站点文件夹中;新建 4 个 HTML 页面,依次保存为"guoji.html""guonei.html""junshi.html""keji.html",如图 4 - 43 所示。

②再新建一个空白 HTML 页面,在【插入】栏【布局】类别中,从"框架"按钮 的下拉列表中选择"顶部和嵌套的左侧框架"选项,弹出【框架标签辅助功能属性】对话框,在其中为框架指定标题,如图 4 - 44 所示。

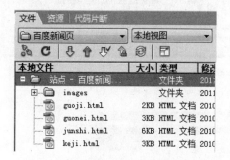

图 4 - 43 新建站点及 4 个网页文件

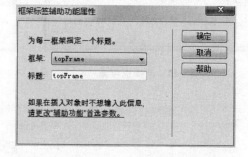

图 4 - 44 【框架标签辅助功能属性】对话框

③单击【确定】按钮,在文档中插入框架,如图 4 - 45 所示。

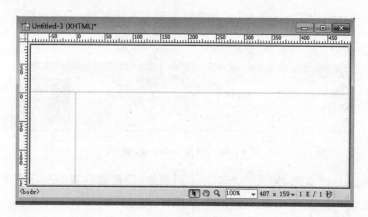

图 4 - 45 添加框架效果

④执行【窗口】→【框架】命令,打开框架面板,单击鼠标选择框架集,使框架集处于被选中状态,如图 4 - 46 所示。

⑤执行【文件】→【保存全部】命令,弹出【另存为】对话框,保存框架页为"index.html",如图 4 - 47 所示。

⑥单击【保存】按钮,系统仍将出现【另存为】对话框,提示保存其他框架,在此将顶部"topFrame"、左侧"leftFrame"和主体"mainFrame"3 个框架,依次保存为"top.html""left.

html"和"main. html"。

⑦选中上下框架的边界线，设置行值为 94 像素，如图 4-48 所示。

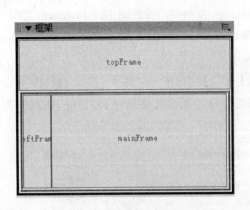

图 4-46 选择框架集

图 4-47 【另存为】对话框

图 4-48 设置 topFrame 属性

⑧选中"leftFrame"和"mainFrame"两个框架的左右边界线，设置列宽为 160 像素，如图 4-49 所示。

图 4-49 设置 leftFrame 属性

⑨打开"top. html"页面，插入一个 1 行 1 列表格，设置表格宽为 960 像素，边框、单元格间距、边距均为 0 像素，插入图像"top. gif"，如图 4-50 所示。

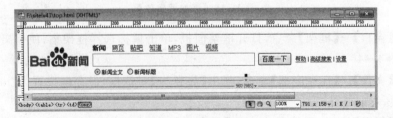

图 4-50 插入图片 top. gif

⑩打开"left.html"页面,插入一个4行1列的表格,设置单元格对齐方式为居中对齐,高度为40像素;在4个单元格中依次输入"国内""国际""军事"和"科技",如图4-51所示。

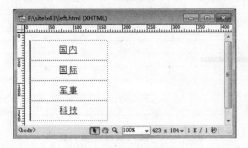

图4-51 插入表格并输入文字

任务2 设置导航链接

操作步骤

①选中文字"国内",在【属性】面板中设置链接为"guonei.html"网页,目标设置为"mainframe",如图4-52所示。

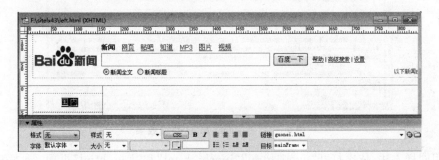

图4-52 设置"国内"超链接

②用同样方法,依次设置"国际""军事"和"科技"链接为"guoji.html""junshi.html"和"keji.html"。

任务3 输入各页的主体内容

操作步骤

①打开"main.html"页面,插入一个8行1列的表格;设置单元格对齐方式为左对齐,宽度为800像素,高度为30像素;在各行单元格中依次输入"中国超级计算机诞生了!""2010年广州亚运会盛大开幕!""教育部提出加强中等职业教育,振奋人心!""人工智能技术在计算机方面有了长足的发展!""北京市数字图书馆对外开放!"和"教师现代教育技术培训在全国广泛展开!",效果如图4-53所示。

②打开"guonei.html"页面,插入一个2行1列的表格;设置单元格对齐方式为左对齐,宽度为800像素,高度为30像素;在各行单元格中依次输入文字,效果如图4-54所示。

131

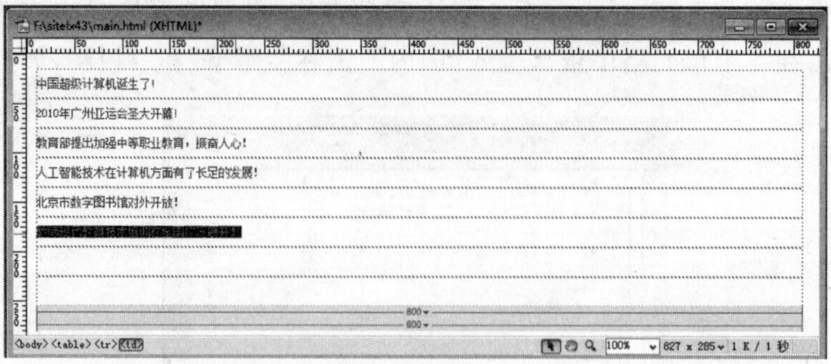

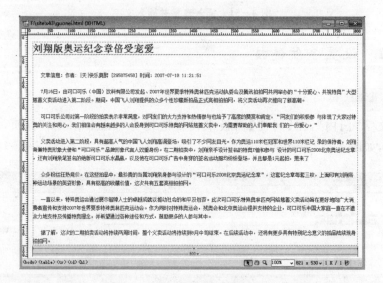

图 4-53　插入表格并输入文字

图 4-54　"guonei. html"页面效果

③用同样方法，依次打开"guoji. html""junshi. html"和"keji. html"页面，插入表格并输入文字，效果如图 4-55～图 4-57 所示。至此，"百度新闻页"网页制作完成。

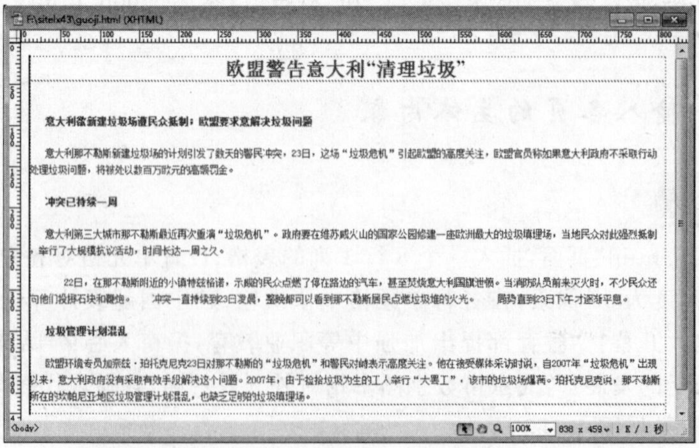

图 4-55　"guoji. html"页面效果

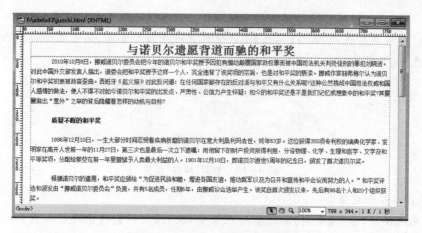

图 4 - 56　"junshi. html"页面效果

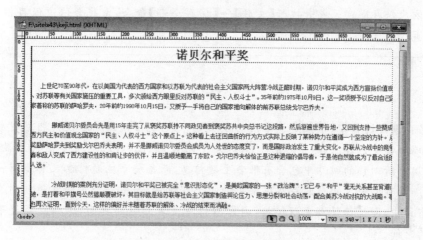

图 4 - 57　"keji. html"页面效果

知识百科

1. 认识框架

框架是网页中最常用的页面布局方法之一。框架的英文名是 Frame,是指网页在一个浏览器窗口下分割成几个不同区域的形式。利用框架技术可实现在一个浏览器窗口中显示多个 HTML 页面。通过构建这些文档之间的相互关系,便可以轻松实现文档导航、文档浏览以及文档操作等目的。

2. 使用框架

1) 创建框架集的方法

首先,新建一个页面,执行【窗口】→【框架】命令,打开【框架】面板,然后在【插入】栏【布局】类别的"框架"按钮下拉列表中,单击相应的框架集选项,就可以建成由框架集创建出来的框架页。

2) 框架属性与框架集属性设置

利用菜单命令划分框架区域时,文档窗口会自动分为两个相同大小的框架。在实际制作网页时,通常应根据实际情况精确指定框架大小。要设置框架和框架集属性,单击"上下"或者"左右"框架边界线,然后在【属性】面板里设置行或列的宽高、是否显示边框以及边框的宽度和颜色等,如图 4-58 所示。

图 4-58 框架"属性"面板

3) 保存框架和框架集

创建完框架后,选中【框架】面板中的框架集,执行【文件】→【保存框架页】命令,保存框架集,然后再依次将光标定位在对应的框架里面,选中相应的框架,执行【文件】→【保存框架】命令,依次保存即可。或者执行【文件】→【保存全部】命令,系统会依次保存框架集和所有的框架页。

 项目小结

在网页设计过程中,框架是最常用的方法之一,它能帮助用户在设计网站时更为节省时间,可以将某些内容放在一个框架里,好几个网页的内容将在这一个框架上显示出来。因此,当用户所制作的网站中包含有很多主题信息,而每一个主题信息又都拥有一个链接的网页时,便可以把主题信息放在框架中的一个窗口中,而把每个主题的链接内容全放在另一个窗口中,即选择什么主题链接,内容窗口将呈现相关的页面,这样就大大节省了网页制作的时间。

项目 4 使用 AP DIV 布局网页

项目描述

Dreamweaver 将带有绝对位置的所有 DIV 标签视为 AP 元素(分配有绝对位置的元素)。AP 元素(绝对定位元素)是分配有绝对位置的 HTML 页面元素,即 DIV 标签或其他任何标签。AP 元素可以包含文本、图像或任何可以放到 HTML 文档中的元素。利用 Dreamweaver,用户可以使用 AP 元素来设计网页的布局。本项目以用 AP DIV 元素布局网页的方法制作"拍拍网商品信息页"为例,讲解利用 AP DIV 元素布局网页的方法。"拍拍网商品信息页"效果如图 4-59 所示。

项目分析

本项目所制作的网页按由上面的页头区到下面的法律和版权声明区顺序,可以分成 7 部分,相应地可以插入 7 个 AP DIV 元素来实现页面的布局,然后输入相应的页面元素。因此,本项目可分解为以下任务:

图 4-59　"拍拍网商品信息页"效果

任务1　利用 AP DIV 元素进行页面布局

任务2　给 AP DIV 插入相应的页面元素

项目目标

● 了解层的概念

● 掌握创建层的方法

● 掌握利用 AP DIV 元素布局网页的方法

任务1　利用 AP DIV 元素进行页面布局

操作步骤

①在本机 F 盘根目录下创建站点目录文件夹 sitelx44,将"素材\单元 4\项目 4\paipai \img"文件夹里的素材拷贝至站点目录下的 images 文件夹里;启动 Dreamweaver CS3,新建站点"拍拍网商品信息",保存在站点文件夹中;新建 HTML 空白网页,保存为"index. html",如图 4-60 所示。

②单击【插入】栏【布局】类别中的"绘制 AP DIV"按钮,在文档窗口中由上到下依次绘制出 7 个 AP

图 4-60　【文件】面板

DIV,如图 4－61 所示。

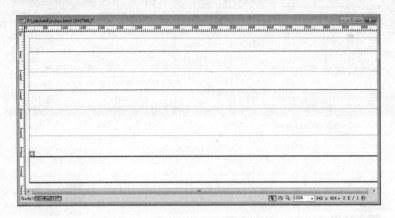

图 4－61　绘制出 7 个 AP DIV

③设置"apDiv1"属性。选中"apDiv1",在【属性】面板中设置左边距为 230 像素,上边距为 0 像素,高为 125 像素,宽为 951 像素,如图 4－62 所示。

图 4－62　设置 apDiv1 属性

④按照同样的方法,在【属性】面板中依次设置"apDiv2"属性为左边距 230 像素,上边距 138 像素,高 15 像素,宽 951 像素;"apDiv3"属性为左边距 230 像素,上边距 156 像素,高 10 像素,宽 951 像素;"apDiv4"属性为左边距 230 像素,上边距 189 像素,高 20 像素,宽 951 像素;"apDiv5"属性为左边距 230 像素,上边距 221 像素,高 10 像素,宽 951 像素;"apDiv6"属性为左边距 230 像素,上边距 257 像素,高 276 像素,宽 951 像素;"apDiv7"属性为左边距 230 像素,上边距 534 像素,高 111 像素,宽 951 像素。

⑤至此,利用 AP DIV 布局页面完成。

任务 2　给 AP DIV 插入相应的页面元素

操作步骤

①将光标定位到"apDiv1",插入 images 文件夹下的图片"top.jpg",效果如图 4－63 所示。

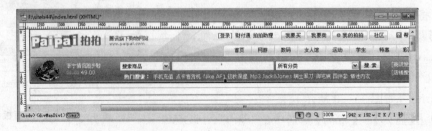

图 4－63　为"apDiv1"插入图片

②将光标定位到"apDiv2",输入文本"所有分类 >> 网络游戏虚拟商品 >> 游戏点卡专区 >>魔兽世界 >>商品详情",效果如图 4-64 所示。

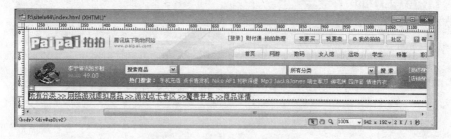

图 4-64　为"apDiv2"插入文本

③将光标定位到"apDiv3",执行【插入记录】→【HTML】→【水平线】命令,插入水平线;设置水平线宽度为 100%,高为 1,勾选"阴影"复选框,居中对齐,效果如图 4-65 所示。

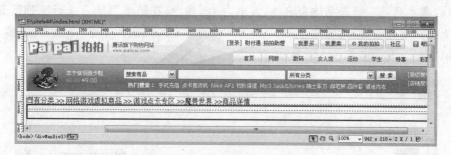

图 4-65　为"apDiv3"插入水平线

④将光标定位到"apDiv4",输入文本"小熊世界",设置字体为宋体,大小为 16 像素,样式为粗体,颜色为黑色,居中对齐,如图 4-66 所示,效果如图 4-67 所示。

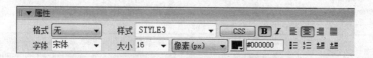

图 4-66　文本属性设置

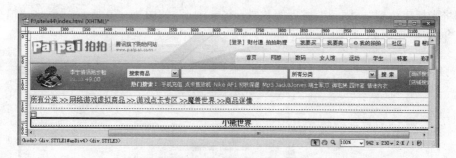

图 4-67　为"apDiv4"插入文本

⑤将光标定位到"apDiv5",执行【插入记录】→【HTML】→【水平线】命令,插入水平线,设置水平线宽为 100%,高为 1;效果如图 4-68 所示。

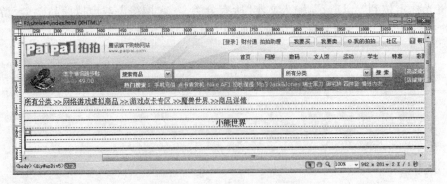

图 4－68　为"apDiv5"插入水平线

❻将光标定位到"apDiv6"，插入一个 1 行 3 列表格；设置第 1 列行高为 276 像素，行宽为 228 像素，水平居中对齐，垂直顶端，在此插入图片"bear.jpg"；分段输入"点击查看大图""您可以收藏本商品"，设置字体为宋体，大小为 12，黑色；在第 2 列插入 4 行 1 列嵌套表格，由上到下依次输入内容；设置第 3 列行宽为 280 像素，水平居中对齐，垂直顶端，插入图片"m_right.jpg"。效果如图 4－69 所示。

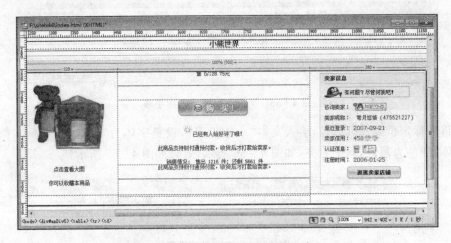

图 4－69　为"apDiv6"完成布局及填充

❼将光标定位到"apDiv7"，插入图片"bottom.jpg"，如图 4－70 所示。至此，"拍拍网商品信息"网页制作完成。

图 4－70　为"apDiv7"插入法律和版权声明区图片

知识百科

1. 层简介

网页布局主要采用表格布局和层布局两种方法,目前业界越来越关注用层进行网页布局。层布局是目前比较流行的网页布局方式,采用层的好处是可以让页面内容和显示样式分离,提高页面的更新速度。

2. 使用 AP DIV

1) 创建 AP DIV 的方法

方法 1　执行【插入记录】→【布局对象】→【AP Div】命令,可以在页面创建层。

方法 2　单击【插入】栏【布局】类别中的"绘制 AP Div"按钮![按钮],然后在文档窗口中拖动鼠标即可创建。

2) 设置层的属性

在页面创建层后,可以看到层的形状。在 Dreamweaver CS3 中插入的每个层,都可以通过【属性】面板来设置层的大小、背景、颜色等。有关层的属性如下:

● CSS-P 元素:给每个层定义一个不同的名称,即 ID 编号,用来区分不同的层。

● 左:在文本框中输入一个像素值,确定层的左边框的位置。

● 上:在文本框中输入一个像素值,确定层的上边框的位置。

● 宽:设置层的宽度,以像素为单位。

● 高:设置层的高度,以像素为单位。

● Z 轴:确定层的堆叠顺序,以数字表示,作为层的编号。可以随时改变,但不能重复。编号数字大的层内容将显示在编号数字小的层之上。

● 可见性:设置层的显示状态,有 default、inherit、visible、hidden 4 种。

● 背景图像:设置层的背景图像。

● 背景颜色:设置层的背景颜色,默认层为透明背景。

3) 层的编辑

● 移动:将光标移到层的左上角标记处,即可拖动层、改变层的位置。

● 调整大小:选中层后,将光标移到层的边缘处,鼠标会变成手柄,这时可拖动鼠标改变层的大小。

项目小结

　　通过本项目学习,了解到层可以放置在网页文档中的任何位置;层内可以放置网页文档中的其他构成元素;层可以自由移动;层与层之间可以重叠;可以使页面上的元素进行复杂的布局。

项目5　使用模板布局网页

项目描述

为了使网站具有统一的风格,网站中的网页需要具有相同的标题栏、导航栏以及版权栏。为了提高网站的制作及维护效率,库和模板得到了广泛的应用。网页设计人员在更新库和模板时,能使所有应用该库和模板的页面同时自动更新,提高了网站的维护效率。本项目以利用模板的方法制作"网页设计师"网页为例,讲解利用模板布局网页的方法。"网页设计师"网页效果如图4-71所示。

图4-71　"网页设计师"网页效果

项目分析

本项目需要完成"新闻动态""行业新闻"和"产品介绍"3个页面。分析这些网页,都是由页头区、法律和版权声明区以及主体部分3块内容组成,并且其中页头区及法律和版权声明区在这几个页面中完全一样,为了简化网页制作工作量,更好地统一网站风格,可以使用模板和库来进行以上网页的制作。因此,本项目可分解为以下任务:

任务1　创建模板
任务2　利用模板完成其他页面的制作

项目目标

● 掌握模板的创建方法
● 掌握利用模板制作网页的方法

任务1　创建模板

操作步骤

①在本机 F 盘根目录下创建站点目录文件夹 sitelx45,将"素材\单元 4\项目 5\wangluosheji\images"文件夹拷贝至站点目录下;启动 Dreamweaver CS3,新建站点"网页设计师",保存在站点文件夹中;新建 HTML 空白网页,保存为"index. html",如图 4-72 所示。

②制作网页的页头区。在新建的 index. html 网页中,执行【插入记录】→【表格】命令,插入一个 3 行 1 列表格;设置表格的宽度为 950 像素,边框粗细、单元格间距和边距均为 0 像素,如图 4-73 所示。

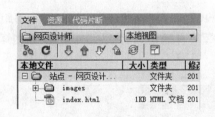

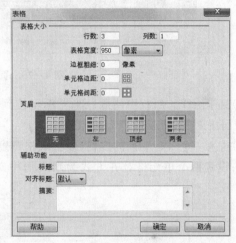

图 4-72　【文件】面板　　　　　　图 4-73　【表格】对话框

③将光标定位到表格的第 1 行,插入一个 2 行 1 列的嵌套表格;设置表格宽度为 100%,边框粗细、单元格间距和边距均为 0 像素。

④将嵌套表格第 1 行单元格拆分为 2 列,设置第 1 列宽度为 200 像素,高度为 80 像素,并插入图片"logo. gif"。

⑤在第 2 列插入一个 1 行 13 列的表格,分别设置第 1、第 3、第 5、第 7、第 9、第 11、第 13 单元格宽为 108 像素,高为 30 像素,水平方向居中对齐,背景颜色为♯CC0000,并在第 1、第 3、第 5、第 7、第 9、第 11、第 13 单元格里依次输入"首页""关于我们""新闻动态""行业动态""产品介绍""在线留言"和"联系我们",设置字号大小为 12,字体颜色为白色;分别设置第 2、第 4、第 6、第 8、第 10 单元格宽度为 1 像素,水平方向居中对齐,背景颜色为♯CC0000,并在这几个单元格内插入"|",如图 4-74 所示。至此,页头的导航栏制作完毕。

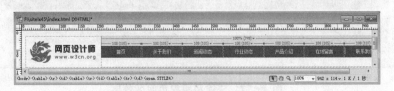

图 4-74　完成嵌套表格的输入

❻插入网站 Banner 图片。将光标定位在嵌套表格的第 2 行第 1 列单元格,插入图像"rr_06.jpg"。至此,页头区布局及填充完毕,效果如图 4 – 75 所示。

图 4 – 75　页头区效果

❼制作法律和版权声明区。将光标定位到表格的第 3 行单元格,设置单元格对齐方式为水平居中对齐,背景颜色为♯999999。

❽插入一个 2 行 1 列的表格,设置表格宽度为 100%,边框粗细、单元格间距和边距均为 0 像素;设置两个单元格对齐方式为水平居中对齐,垂直居中,行高为 30 像素,如图 4 – 76 所示。

图 4 – 76　设置单元格属性

❾在以上两个单元格中分别输入文本"Copyright 2005 – 2009 版权所有,未经允许,不得翻版"和"地址:北京市中关村＊＊号,联系电话:010 – 66668888",字号大小为 12 像素。至此,法律和版权声明区制作完毕,效果如图 4 – 77 所示。

图 4 – 77　法律和版权声明区效果

⑩将光标定位到表格的第2行,执行【插入记录】→【模板对象】→【可编辑区域】命令,插入可编辑区域。此时弹出如图4-78所示的提示对话框,提醒用户在插入可编辑区域后,Dreamweaver 会自动将此文档转为模板。

⑪单击【确定】按钮,打开【新建可编辑区域】对话框,在"名称"栏中输入该区域名称,如图4-79所示,单击【确定】按钮。

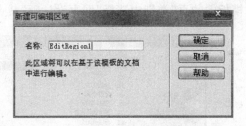

图4-78 提示对话框　　　　　　图4-79 【新建可编辑区域】对话框

⑫执行【文件】→【保存】命令,打开【另存模板】对话框,设置保存的模板名为"moban",如图4-80所示。

⑬单击【保存】按钮,此时,在【文件】面板中可以看到,系统在站点文件夹下自动生成一个名为"Templates"文件夹;展开该文件夹,里面保存着名称为"moban.dwt"的模板文件,如图4-81所示。

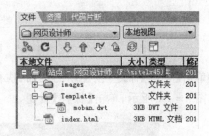

图4-80 【另存模板】对话框　　　　　图4-81 【文件】面板

⑭双击文件"moban.dwt",打开模板页,如图4-82所示。至此,模板创建完毕。

图4-82 模板页效果

任务2 利用模板完成其他页面的制作

操作步骤

①利用模板创建"新闻动态"页面。执行【文件】→【新建】命令，打开【新建文档】对话框，在"模板中的页"类别中选择"网页设计师"站点的"moban"模板文件，如图4-83所示。

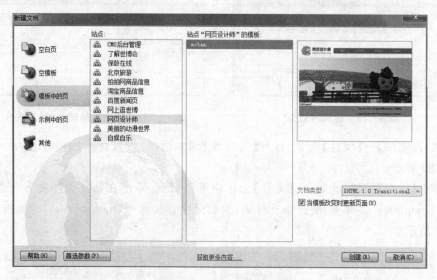

图4-83 【新建文档】对话框

②单击【创建】命令，创建新的页面；执行【文件】→【保存】命令，将文件命名为"news.html"，如图4-84所示；单击【保存】按钮。

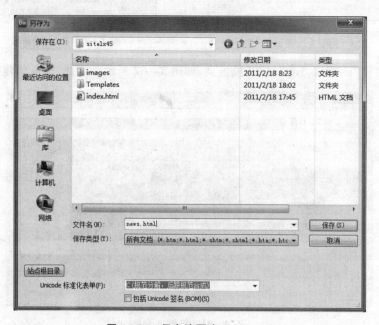

图4-84 保存该页为 news.html

③将光标定位到可编辑区,插入一个 12 行 1 列的表格,设置属性为宽 90%,居中对齐;设置表格的第 3、第 12 行高为 1 像素,第 1、第 2、第 4、第 5、第 6、第 7、第 8、第 9、第 10、第 11 行高为 30 像素;在第 2 行输入标题 3 格式的文本"一句话新闻";在第 3、第 12 行插入水平线,设置宽度为 95%,高为 1 像素,居中对齐;在第 4～第 11 行输入新闻列表文本,效果如图 4-85 所示。

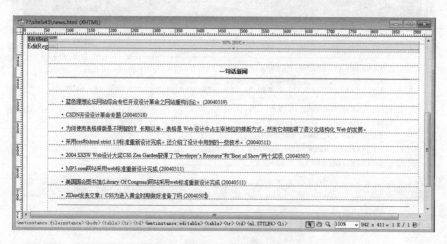

图 4-85　在可编辑区输入新闻页内容

④至此,利用模板创建"新闻动态"页面完成,效果如图 4-86 所示。

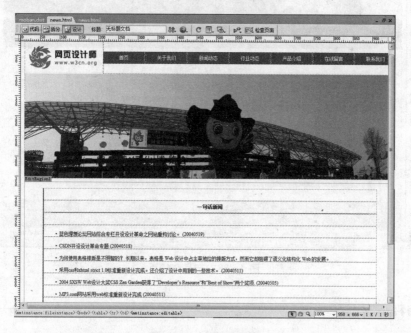

图 4-86　新闻动态页

⑤采用同样的方法,利用模板分别创建"行业新闻"和"产品介绍"页面,效果如图 4-87、图 4-88 所示。

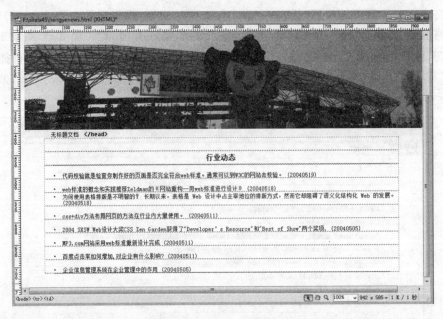

图 4 - 87　行业新闻页

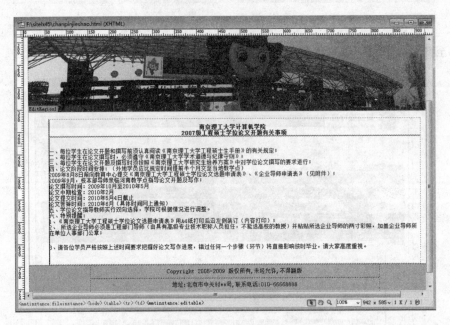

图 4 - 88　产品介绍页

知识百科

1. 模板简介

Dreamweaver 模板是一种特殊类型的文档,用于设计"锁定的"页面布局。用户可以在模板中设计页面布局,并在模板中创建可在基于模板的文档中进行编辑的区域。

为了提高网站的维护效率,用户可以将多个页面中用到的相同部分做成一个网页,并保存为模板,此时系统会自动将模板文件以".dwt"为扩展名保存在 Templates 文件夹里。利用该模板可以建立网站中的相应页面,当要修改这些页面中的共有部分时,只需修改模板中的内容,而应用模板的页面会自动更新,提高了维护的效率。

2. 模板的操作基础

在使用模板创建网站的过程中,用户可以先创建空白的模板,然后在其中输入需要显示在所有文档中的内容。也可以将现有的文档存储为模板。

1) 创建模板

(1) 创建网页模板。执行【窗口】→【资源】命令,在打开的【资源】面板中单击左侧的"模板"按钮 切换到【模板】面板,单击面板底部的"新建模板"按钮 ,新建一个网页模板;修改新建立的模板名称,即可完成模板的创建。

(2) 将网页转换为模板。在编辑一个没有使用模板的普通文档时,可以将现有文档存储为模板,这样生成的模板中便会带有现有文档中已编辑好的内容,也可以在此基础上对模板进行修改。

2) 编辑可编辑区域

所谓可编辑区域,就是那些利用模板生成的新文档中可以被编辑的区域,也即用于修改各个文档之间不同内容的区域。

3) 利用模板创建新页面

使用模板创建新页面可以通过以下 3 种方法来实现:

方法 1 在新文档中创建。执行【文件】→【新建】命令,在【新建文档】对话框中选取"模板中的页",在站点模板的列表中选择相应的框架,并单击"创建"按钮即可。

方法 2 利用菜单命令在空白页中建立。新建空白页面,执行【修改】→【模板】→【应用模板到页】命令,在弹出的【选择模板】对话框中,选取应用的模板,如图 4-89 所示,单击【选定】按钮即可。

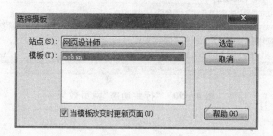

图 4-89 【选择模板】对话框

方法 3 利用"资源"面板在空白页面中建立。新建空白页面,执行【窗口】→【资源】命令,打开【资源】面板;单击【资源】面板左侧的"模板"按钮,在列表中选取要应用的模板,单击面板底部的【应用】按钮即可。

项目6 使用库布局网页

项目描述

库与模板有着异曲同工之妙,它们在本质上差异不大。模板针对的是页面大框架及整体上的控制,其文件在 Templates 目录中;而库则更多地针对小元件的标准化,例如站点中版权栏在每个页面都有,用户可以把这些重复的内容做成库部件,便于在以后的页面制作中重复使用,其文件在 Library 目录中;本项目以利用库制作"网页设计师"网站的"行业动态"页为例,学习使用库布局网页的方法。"行业动态"网页效果如图 4 - 90 所示。

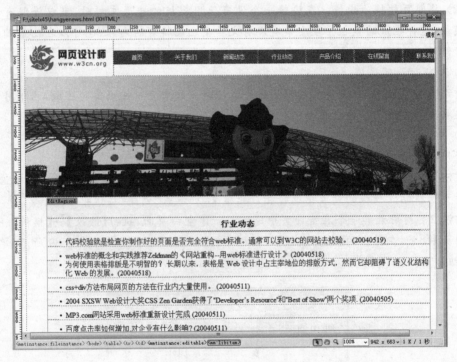

图 4 - 90 "行业动态"网页效果

项目分析

本项目首先将页面变化的内容创建成库,然后创建基于模板的网页,在可编辑区域插入库的内容,轻松制作所需网页。因此,本项目可分解为以下任务:

任务1 创建库

任务2 利用库完成页面的制作

项目目标

● 掌握库的创建方法

● 掌握利用库布局网页的方法

148

任务1　创建库

操作步骤

① 新建 HTML 空白页,命名为"mobanku. html",设置保存类型为库文件(＊.lbi),如图 4-91 所示。

② 单击【保存】按钮,此时,库文件将出现在【资源】面板中,如图 4-92 所示。

图 4-91　保存库文件　　　　　　　　　图 4-92　【资源】面板

③ 在"mobanku. html"页面中,执行【插入记录】→【表格】命令,插入一个 12 行 1 列的表格,依次输入文本内容,如图 4-93 所示。

④ 执行【修改】→【库】→【增加对象到库】命令,把"mobanku. html"页面上的元素添加到库里;单击【资源】面板的"库"按钮📖,在空白区域可以查看到"mobanku"出现在库面板里,如图 4-94 所示。

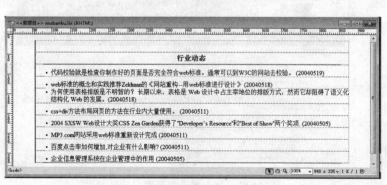

图 4-93　在库页面创建网页元素　　　　　　图 4-94　查看库项目

任务 2　利用库完成页面的制作

操作步骤

①执行【文件】→【新建】命令,打开【新建文档】对话框;在"模板中的页"类别中选择"网页设计师"站点的"moban"模板文件,创建新的基于"moban.dwt"的 HTML 页面;保存该页面名字为"hangyenews.html"。效果如图 4 - 95 所示。

图 4 - 95　创建基于 moban.dwt 的页面

②将光标定位在可编辑区,在【资源】面板中,右击"mobanku",在弹出的快捷菜单中选择"插入"命令,如图 4 - 96 所示,则在可编辑区内插入库元素"mobanku",效果如图 4 - 97 所示。

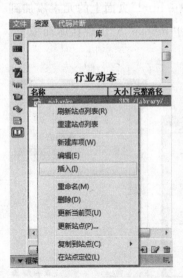

图 4 - 96　执行"插入"命令

图 4 - 97　插入库元素到可编辑区效果

150

③至此,"行业动态"页面制作完成。

贴心提示

（1）不要将模板从 Templates 文件夹中移走,或者将一些非模板文件放进 Templates 文件夹中。当然更不要将 Templates 文件夹移动到本地根目录之外,这些做法都会导致模板的路径错误。

（2）如果还没有定义任何可编辑区,将被警告目前模板还不包含任何可编辑区域,可以强行保存该模板。模板中虽不包含任何可编辑区域,但可以修改该模板。不能修改应用该模板的文档,直到在模板中创建可编辑区域为止。

知识百科

1. 库的简介

所谓库,也称为库元素,可以看成是网页上能够被重复使用的零件。在 Dreamweaver 中,将单独的文档内容定义成库项目,也可以将多个文档内容的组合定义成库项目。

2. 创建库项目

执行【窗口】→【资源】命令,打开【资源】面板,单击左侧的"库"按钮进入【库】面板,选取需要设置为库的对象,如文字、图像等,单击面板底部的"新建库项目"按钮或将对象直接拖入【库】面板即可。

3. 库项目在网页中的使用

库项目一旦建立,用户就可以在站点的多个页面中进行使用。将光标定位在需要使用库项目的位置,单击【库】面板底部的【插入】按钮即可。

4. 修改库项目及更新网页

双击"资源"面板中的库项目对象,就可以直接打开后缀名为".lbi"的库文件。在修改完库项目对象后,执行【文件】→【保存】命令即可保存修改。如果库项目已应用到具体的页面,系统会自动弹出【更新库项目】对话框,当单击【更新】按钮后,系统将自动更新引用该库项目的页面。如果单击"不更新"按钮,用户可在以后手动更新。

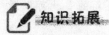**项目小结**

通过本项目学习,了解到库的作用以及如何创建库并利用库来布局网页。

知识拓展

随着各种各样的网页制作技术的风起云涌,利用 CSS＋DIV 的设计方式也逐步成为制作网页的主力军之一。CSS 及 DIV 作为制作网页的重要组成部分,已经成为网页设计中必不可少的要素。

用 CSS＋DIV 制作网页的过程,可分为两个重要环节:一是使用 CSS＋DIV 布局页面,二是使用 CSS 来美化页面。

1. 使用 CSS＋DIV 布局网页

1) CSS＋DIV 简介

CSS＋DIV 是网站标准(或称"Web 标准")中常用的术语之一,在 XHTML 网站设计标准中,不再使用表格定位技术,而是采用 CSS＋DIV 的方式实现各种定位。

CSS 是英语 Cascading Style Sheets(层叠样式表单)的缩写,它是一种用来表现 HTML 或 XML 等文件式样的计算机语言。

DIV 元素是用来为 HTML 文档内大块(Block-Level)的内容提供结构和背景的元素。DIV 的起始标签和结束标签之间的所有内容都是用来构成这个块的,其中所包含元素的特性由 DIV 标签的属性来控制,或者是通过使用样式表格式化这个块来进行控制。

2) 用 CSS＋DIV 布局网页的方法

确定好网页所采用的布局结构后,按以下步骤进行:

❶网页页面的每个区域,如页头区、主体区、法律和版权声明区等,都插入相应的 DIV 元素,然后,用 CSS 控制 DIV 使网页居中显示。

❷对于页面中所有的 DIV 元素,利用 CSS 控制 DIV 的位置,可以将页面中的 DIV 视为一个个块状元素。在此应用了"盒模型"的工作原理,"盒模型"是 CSS 的基础。"盒模型"理论认为:页面上的每个元素都被看做一个矩形,这个矩形由内容、填充(Padding)、边框(Border)和边距(Margin)构成。元素的实际宽度＝内容宽度＋2×边距(Margin)＋2×填充(Padding)＋2×边框(Border),对于每部分的间距,以及文字、图片空隙的调整,用 CSS＋DIV 布局是很合适的,那就是用"盒模型"的工作原理来调整。

在网页默认的情况下,元素由上到下依次叠放,当这样的叠放顺序不能满足布局的需要时,就要使用"Float(浮动)"属性来改变元素的叠放顺序。元素应用了"Float(浮动)"属性,它周围的元素就会靠近、包围元素,这样的影响在有的布局中是多余的。这时,可以用"Clear(清除)"属性来阻止这种浮动对后面元素的影响。再复杂的布局也是重复利用这样的技术,大到网页每一部分的叠放,小到文字、图片的排版。

❸在 DIV 中添加各种网页元素,把文字、图片、动画安排到合适的位置,再把每部分合理地叠放到网页中,这样就完成了网项的布局。

3) 使用 CSS 美化网页

通常,在同一个网站中,为了保证站点风格统一,制作出赏心悦目的网页,要对所有页面定义统一的 CSS 样式,如超链接的样式、网站 Logo、页面导航、背景等。这样做还有一个好处,就是可以轻松地进行网站后期维护,只修改一个 CSS 样式表文件,网站内容的样式就会整体改变。

CSS 的主要作用就是将一系列样式规则应用于文档中,使得文档中应用了这个规则的内容实现某种样式,这一系列的样式规则就叫做选择器。用 CSS 对网页页面的美化可以通过以下 3 种方法完成:

方法 1 通过 HTML 标签选择器。HTML 标签本身就是选择器,可以对 HTML 标签直接附加 CSS 代码。同一个 HTML 标签可以有多个声明,这样就可以实现对 HTML 样式的全面设置。用 CSS 设置 HTML 标签,后期的维护也很方便,当要改变某个标签的样式时,只需更改相应的属性值就可以了。

方法 2 通过类选择器。类选择器以"."开头,格式为:.类选择器名{属性 1:值 1;属性

2：值 2；……}，在网页中需要使用的位置，用"class＝"类选择器名""调用即可。类选择器可以在页面中重复使用，可以实现代码的重用。当 CSS 设置 HTML 标签的样式不能满足特殊的需要时，就可以使用类选择器。

方法 3　通过 ID 选择器。ID 选择器与类选择器基本相同，但在同一个页面中不可重复使用，常用于定义页面中大板块的区域，用法为：♯id{属性 1：值 1；属性 2：值 2；……}。

2. CSS＋DIV 网站设计的利弊

（1）采用 CSS＋DIV 进行网页制作相对于传统的 Table 网页布局而具有以下 4 个显著优势：

● 表现和内容相分离。将设计部分剥离出来放在一个独立的样式文件中，HTML 文件中只存放文本信息。

● 提高搜索引擎对网页的索引效率。众所周知，搜索引擎喜欢清洁的代码（其真正意义在于，增加了有效关键词占网页总代码的比重），用只包含结构化内容的 HTML 代替嵌套的标签，搜索引擎将更有效地搜索到你的网页内容，并可能给你一个较高的评价。

● 提高页面浏览速度。CSS 的极大优势表现在简洁的代码，对于一个大型网站来说，可以节省大量带宽。对于同一个页面视觉效果，采用 CSS＋DIV 重构的页面容量要比 Table 编码的页面文件容量小得多，前者一般只有后者的 1/2 大小。

● 易于维护和改版。CSS＋DIV 制作的网站使得网站改版相对简单，很多问题只需要改变 CSS 而不需要改动程序，从而降低了网站改版的成本。

2）CSS＋DIV 网站设计的问题

比较表格布局和 CSS＋DIV 发现，CSS 语法实在很容易便利。尽管 CSS＋DIV 具有一定的优势，不过现阶段 CSS＋DIV 网站建设存在的问题也比较明显，主要表现在：

（1）对于 CSS 的高度依赖使得网页设计变得比较复杂。相对于 HTML 4.0 中的表格布局（Table），CSS＋DIV 尽管不是高不可及，但至少要比表格定位复杂得多。即使对于网站设计高手也很容易出现问题，更不要说初学者了，这在一定程度上影响了 XHTML 网站设计语言的普及应用。

（2）CSS 文件异常将影响整个网站的正常浏览。CSS 网站制作的设计元素通常放在外部文件中，这些文件有可能相当复杂，甚至比较庞大，如果 CSS 文件调用出现异常，那么整个网站将变得惨不忍睹。

（3）对于 CSS 网站设计的浏览器兼容性问题，还有待于各个浏览器厂商的进一步支持。

在网页设计的精彩世界里，实现同一种效果可能有无数种方法，并且不断有新的方法出现，但 CSS＋DIV 作为网页制作的一种新生力量，被越来越多的网站设计者所广泛使用，也成了网页设计者必须掌握的一种技术。

单 元 小 结

本单元共完成 6 个项目，学完后应该有以下收获：

（1）掌握利用表格布局网页的方法和步骤。

（2）掌握利用布局表格布局网页的方法和步骤。

（3）掌握利用框架布局网页的方法和步骤。

（4）掌握用 AP DIV 布局网页的方法和步骤。

（5）掌握用模板和库布局网页的方法和步骤。

实训与练习

1. 实训题

（1）利用表格布局方法，并利用"素材\单元 4\项目 1\练习\"目录中的素材，制作"网络管理中心"网页，效果如图 4-98 所示。

图 4-98 "网络管理中心"效果图

（2）利用布局表格布局方法，并利用"素材\单元 4\项目 2\练习"文件夹中的素材，制作"淘宝帮助页"网页，效果如图 4-99 所示。

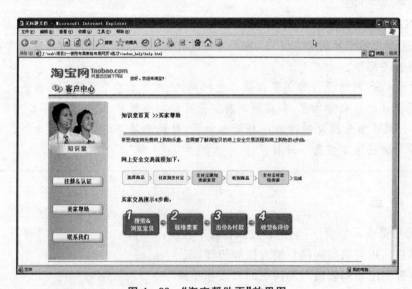

图 4-99 "淘宝帮助页"效果图

（3）利用"素材\单元 4\项目 3\练习"文件夹中提供的素材，模仿项目 3，制作"百度新闻页"，效果如图 4 - 100 所示。

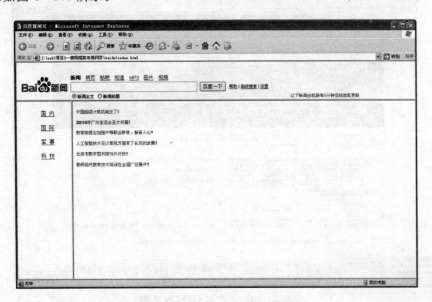

图 4 - 100　"百度新闻页"效果图

（4）利用 AP DIV 布局方法，并利用"素材\单元 4\项目 4\练习"文件夹中的素材，制作"淘宝商品信息页"网页，效果如图 4 - 101 所示。

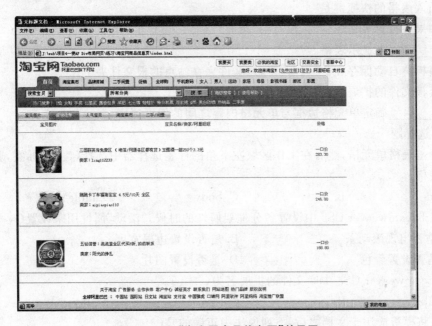

图 4 - 101　"淘宝网商品信息页"效果图

（5）利用模板和库布局方法，根据所提供的"素材\单元 4\项目 5\练习"文件夹中的素材，制作"网络设计师"网站的"产品介绍"页，效果如图 4 - 102 所示。

图 4－102　"产品介绍"效果图

2. 练习题

（1）填空题

①插入表格的快捷键是_____。

②如果在设置表格属性时，没有给"填充""间距"设置值，IE 会默认填充值为_____、间距为_____来显示表格。

③模板会自动保存在_____中，该文件夹在站点的根文件夹下。

④模板文件的扩展名是_____。

⑤_____确定单元格边框与单元格内容之间的像素值。

（2）选择题

①单击表格单元格，然后在工作区域左下角的标签选择器中选择（　　）标签，就可以选择整个表格。

A. td　　　　　　　　B. tr　　　　　　　　C. body　　　　　　　　D. table

②在 Dreamweaver CS3 中设置各分框架属性的时候，"滚动"属性用来设置（　　）属性。

A. 是否出现滚动条　　　　　　　B. 是否设置边框宽度

C. 是否设置颜色　　　　　　　　D. 是否设置图片

③Dreamweaver CS3 中库文件的扩展名为（　　）。

A. . lbi　　　　　　　B. . jpg　　　　　　　C. . swt　　　　　　　D. . lby

④在将模板应用于文档之后，下列说法中正确的是（　　）。

A. 模板将不能被修改　　　　　　B. 模板还可以被修改

C. 文档将不能被修改　　　　　　D. 文档还可以被修改

⑤以下选项中，可以放置到层中的有（　　）。

A. 文本　　　　B. 图像　　　　C. 插件　　　　D. 表格

第 **5** 单 元

制作网页特效

通过前面的学习用户已经可以设计和制作基本的网页，如果能在网页中添加特殊效果或特殊功能，将使网页气氛活跃，能增加一定的亲和力。通过使用 CSS 样式表可以美化网页的外观，使网页中的文字、图片等元素样式统一；将 AP 元素与时间轴和行为结合可以制作一些简单实用的动态特效；下载和安装 Dreamweaver 的插件可以方便使用已经制作好的网页特效。

本单元由以下 4 个项目组成：

项目 1　使用 CSS 样式表美化网页

项目 2　使用时间轴制作特效

项目 3　使用行为制作特效

项目 4　使用插件制作特效

项目 1 使用 CSS 样式表美化网页

项目描述

CSS(Cascading Style Sheet,层叠样式表)是一项在网页制作中使用广泛、功能强大的技术。CSS 是一系列格式设置规则,用于控制 Web 页内容的外观。通过使用 CSS 样式表,用户可以更加灵活地控制网页中文本的字体、颜色、大小、间距、风格、链接颜色及链接下画线;灵活地为元素设置各种效果的边框、背景;更加精确地控制网页中各元素的位置,从而美化页面设置。使用 CSS 样式表设置页面的格式,可将页面的内容与表现形式分离开,让网页的 HTML 代码更加简练,这样缩短了网页在浏览器中加载的时间。创建和使用 CSS 是学习网页制作必需掌握的知识。本项目通过 CSS 样式表制作淘宝网站的"宝贝类目"栏目来学习 CSS 样式表的创建和使用方法。

项目分析

首先分析比较网页中使用 CSS 效果和不使用 CSS 效果的区别,理解 CSS 样式表的作用,然后讲解如何创建 CSS 样式表,如何在网页中添加 CSS 样式表。因此,本项目可分解为以下任务:

任务 1 使用 CSS 效果网页和原始网页进行对比分析

任务 2 利用 CSS 样式表修饰网页

任务 3 创建类样式表

任务 4 在网页中添加类样式表

任务 5 修改类样式表

项目目标

● 了解 CSS 样式表在网页中的作用

● 掌握 CSS 样式表的创建方法

● 掌握 CSS 样式表的使用方法

任务 1 使用 CSS 效果网页和原始网页进行对比分析

操 作 步 骤

①在 F 盘新建文件夹 sitelx51,将"素材\单元 5\5－1"文件夹下的内容拷贝到该文件夹下;打开美化的网页文件"tbaby－css.html",预览效果如图 5－1 所示。

②打开没有美化的网页文件"tbaby.html",预览效果如图 5－2 所示。

③通过对比可以看出使用 CSS 样式的网页中文字的大小、颜色进行了定义;商品类别的标题性文字被突出显示;栏目标签上的文字也进行了美化。

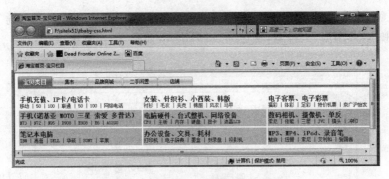

图 5-1　美化的"宝贝类目"栏目效果

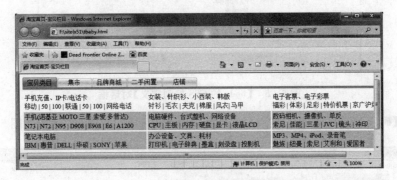

图 5-2　没有美化的"宝贝类目"栏目效果

任务 2　利用 CSS 样式表修饰网页

操作步骤

①在打开的网页文件"tbaby. html"中,执行【窗口】→【CSS 样式】命令,打开【CSS 样式】面板,如图 5-3 所示。

②在【CSS 样式】面板中单击"新建 CSS 规则"按钮，在弹出的【新建 CSS 规则】对话框中,选择"标签(重新定义特定标签的外观)"单选框,在"标签"下拉列表框中选择"body",在"定义在"选项中选择"仅对该文档"单选项,如图 5-4 所示。

图 5-3　【CSS 样式】面板

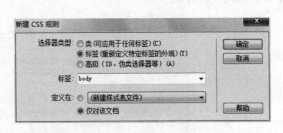

图 5-4　【新建 CSS 规则】对话框

❸单击【确定】按钮,打开【body 的 CSS 规则定义】对话框,在分类栏中选择"类型"类别,设置字体为宋体,大小为 12 像素,颜色为♯204EA1,如图 5-5 所示。

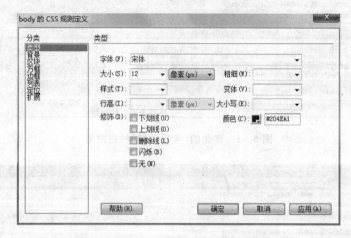

图 5-5 【body 的 CSS 规则定义】对话框

❹单击【确定】按钮,完成对整个页面文字字体、大小和颜色的修饰,效果如图 5-6 所示。

图 5-6 定义 body CSS 规则后的网页

任务 3 创建类样式表

操 作 步 骤

❶在【CSS 样式面板】中,单击"新建 CSS 规则"按钮，在弹出的【新建 CSS 规则】对话框中,设置"选择器类型"为"类(可应用于任何标签)",设置标签名称为". baby_t1",在"定义在"选项中,选中"仅对该文档",如图 5-7 所示。

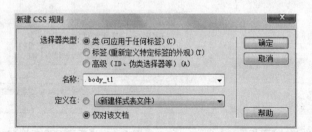

图 5-7 【新建 CSS 规则】对话框

贴心·提示

类样式表的名字必须以"."开头,后面由字母或数字组合而成。

②单击【确定】按钮,在弹出的【. baby_t1 的 CSS 规则定义】对话框中,在"分类"项的"类型"类别中,设置字体大小为 14 像素、粗体、颜色为♯FFFFFF,如图 5-8 所示。

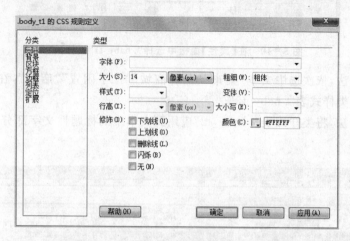

图 5-8　【. baby_t1 的 CSS 规则定义】对话框

③单击【确定】按钮,即可创建". baby_t1"类样式表。采用同样方法创建类样式表". baby_t2",设置字体大小为 16 像素。

④同样方法,创建类样式表". baby_t3",设置字体颜色为♯333333。至此,创建了 3 个类样式表,如图 5-9 所示。下面就可以在网页标题中应用创建的类样式表了。

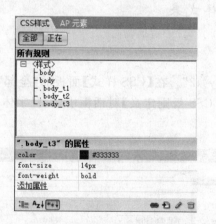

图 5-9　【CSS 样式】面板中创建的类样式表

任务 4　在网页中添加类样式表

操作步骤

①在打开的网页文件"tbaby. html"中,选中文本"宝贝类目",在【属性】面板的"样式"下

拉列表中选择".baby_t1",如图 5-10 所示。

图 5-10　在【属性】面板中选择".baby_t1"类样式

②用同样方法,依次选中文本"集市""品牌商城""二手闲置""店铺",在【属性】面板的"样式"栏中应用类样式表".baby_t3"。

③用同样方法,将类样式表".baby_t2"应用到文本中的标题性文字部分,完成效果如图 5-11 所示。

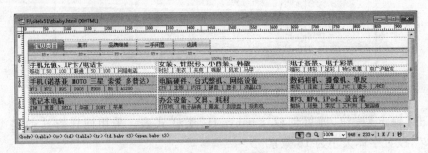

图 5-11　应用类样式的效果

任务5　修改类样式表

操作步骤

①修改类样式表".baby_t2"。在【CSS 样式】面板的"全部"模式中,双击样式".baby_t2",在弹出的【.baby_t2 的 CSS 规则定义】对话框中,设置字体样式为斜体,字体颜色为#6633FF,如图 5-12 所示。

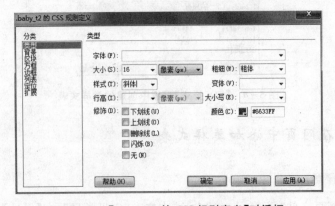

图 5-12　【.baby_t2 的 CSS 规则定义】对话框

②单击【确定】按钮,所有应用".baby_t2"类样式的文本都随之改变,如图 5-13 所示。

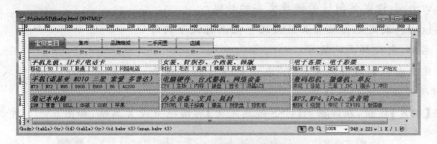

图 5-13　修改样式表后的效果

知识百科

CSS 样式表功能很强大,对美化网页起着非常重要的作用。在网页中,根据应用 CSS 样式范围的不同,把 CSS 样式表分为内部样式表和外部样式表。内部样式表主要应用于当前页,只对当前页的元素起作用;外部样式表是独立于网页的.css 文件,每个网页可以通过链接把.css 文件应用于网页中。

1. 创建 CSS 样式

创建 CSS 样式可以通过以下两种方法实现:

1) 可视化操作法

打开【CSS 样式】面板,单击"新建 CSS 规则"按钮，在弹出的【新建 CSS 规则】对话框中设置参数,如图 5-14 所示。

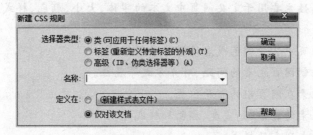

图 5-14　【新建 CSS 规则】对话框

【新建 CSS 规则】对话框中参数含义如下:

(1) 类:类样式适合于用户自定义,单独为元素设置个性化的样式。用户可以在文档的任何区域或文本中应用类样式。定义好的类样式能很方便地应用到网页元素中。

(2) 标签:可以针对某一个标签来定义层叠样式表,也就是说,所定义的层叠样式表将只应用于选择的标签。例如为<Body>标签定义了层叠样式表,那么所有包含在<Body>和</Body>标签范围内的内容将遵循所定义的层叠样式表。

(3) 高级(ID、伪类选择器):高级样式为特殊的组合标签定义层叠样式表,使用 ID 作为属性,以保证文档具有唯一可用的值。高级样式是一种特殊类型的样式,常用的有 4 种,分别为 a:link、a:active、a:visited 和 a:hover。

● a:link:设定正常状态下链接文字的样式。

- a:active:设定鼠标单击时链接文字的外观。
- a:visited:设定访问过的链接文字的外观。
- a:hover:设定光标放置在链接文字之上时文字的外观。

（4）名称:定义样式的名字。

（5）定义在:"新建样式表文件"表示创建外部样式表;"仅对该文件"内部样式表,表示 CSS 仅对所对应的文档起作用。

单击【确定】按钮,在弹出的【CSS 规则定义】对话框中设置属性,如图 5－15 所示。

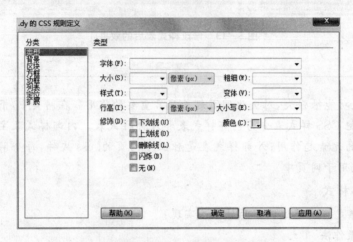

图 5－15 【CSS 规则定义】对话框

【CSS 规则定义】对话框中各分类的含义如下:

- 类型:该类属性主要用于定义网页中文本的字体、大小、颜色、样式及文本链接的修饰线等。
- 背景:定义网页中背景颜色或者设置背景图像等。
- 区块:定义控制网页元素的间距、对齐方式等属性。
- 方框:定义元素在网页中的布局位置。
- 边框:定义元素的边框（如宽度、颜色和样式）。
- 列表:定义文本列表的样式。
- 定位:可以改变选定文本的标记或文本块,文本块变为新层,并使用在层参数中设置为默认标记。
- 扩展:可以设置页面打印的分页效果和网页的视觉效果等。

2）直接输入代码法

在【代码】视图中直接输入代码如下:

```
<style type="text/css">
.baby_t1 {
    font-size: 14px;
    font-weight: bold;
    color: #FFFFFF;
}
```

......

</style>

2. 应用 CSS 样式

1）将创建好的 CSS 样式应用到文本中

方法 1　选中文本，然后在文本【属性】面板的"样式"下拉列表框中选择所需样式表，如图 5 - 16 所示。

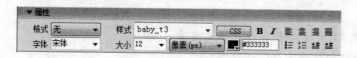

图 5 - 16　文本【属性】面板

方法 2　在代码视图中，直接插入样式表。常用格式如下：

<标记名 class="样式名称">......</标记名>

例如：在<span>标记中应用"baby_t1"类，对"宝贝类目"文本美化使用如下代码：

<span class="baby_t1">宝贝类目</span>

2）编辑 CSS 样式

方法　选择【CSS 样式】面板的"全部"模式，双击需要编辑的样式表名，在弹出的【规则定义】对话框中修改设置。或者在"全部"模式下，选中需要编辑的样式表名，然后单击"编辑样式"按钮 ✎ ，在弹出的【CSS 规则定义】对话框中修改设置。修改后，所有应用该样式的文本都会随之改变。

3）删除 CSS 样式

方法　选择【CSS 样式】面板的"全部"模式，单击需要删除的样式表名，右击鼠标，在弹出的快捷菜单中选择"删除"命令；或者单击"删除 CSS 规则"按钮 🗑 ，此时所有应用该样式的文本将恢复原样。

 项目小结

通过创建和应用 CSS 样式表，美化了网页元素。使用 CSS 样式表将对元素的设置和元素本身分开，提高了网页的排版效率。通过使用 CSS 样式表还可以制作出个性化的网页。

项目 2　使用时间轴制作特效

项目描述

静态网页通过使用 CSS 样式表得到美化，如果能够再加入动态元素就更能提高网页对浏览者的吸引力。通过使用时间轴可以给网页添加一些动态效果。本项目以制作浮动窗口为例讲解特效制作。

项目分析

利用时间轴在网页中添加动态效果,需要结合前面所讲的 AP 元素知识,将 AP 元素作为对象放入时间轴中,通过设置产生所需要的动画效果。制作浮动窗口首先创建 AP 元素,然后利用时间轴添加动态效果。因此,本项目可分解为以下任务:

任务1 创建 AP 元素并设置属性

任务2 利用时间轴产生动画

项目目标

● 掌握创建 AP 元素和设置其属性的方法

● 掌握时间轴的使用方法

任务1 创建 AP 元素并设置属性

操作步骤

①在 F 盘新建文件夹 sitelx52,将"素材\单元 5\5-2"文件夹下的内容拷贝到该文件夹下,打开 flower.html 文件。

②选择【插入】栏的"布局"类别,单击"布局"类别上的"绘制 AP DIV"按钮 🔲。

贴心提示

执行【插入记录】→【布局对象】→【AP DIV】命令,也可以创建一个 AP DIV 元素。

③移动光标到文档区域,鼠标指针变成十字形,拖动鼠标,绘制出蓝色矩形区域,如图 5-17所示。

图 5-17 在网页上绘制 AP DIV

④在所创建的 AP DIV 内插入图片。单击所绘制的矩形边框,选中 AP DIV,打开【属性】面板;设置"左"为"100px","上"为"8px","宽"为"143px","高"为"94px",背景图像为"images\float.jpg",如图 5-18 所示。效果如图 5-19 所示。

图 5-18 设置 AP DIV 属性

图 5 - 19 设置 AP DIV 大小并插入图片效果

贴心提示

选择 AP 元素有下面两种方法。

方法 1 单击 AP 元素的边框。

方法 2 单击位于 AP 元素左上方的 AP 元素的标签 ▢ 。

任务 2 利用时间轴产生动画

操作步骤

①执行【窗口】→【时间轴】命令,或者按下【Alt＋F9】快捷键,打开【时间轴】面板,如图5-20所示。

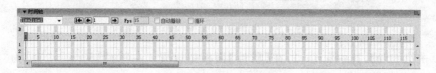

图 5 - 20 【时间轴】面板

②单击 AP DIV 边框线选择 AP DIV,拖动 AP DIV 到时间轴上释放鼠标。此时弹出提示框,提示允许修改 AP DIV 的某些参数,如图 5 - 21 所示。

③单击【确定】按钮,则时间轴上自动产生一段轨迹,如图 5 - 22 所示。

④把 apDiv1 产生的动画最后一帧向后拖到第 90 帧,如图 5 - 23 所示。

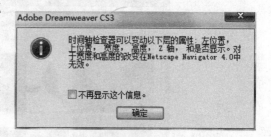

图 5 - 21 提示框

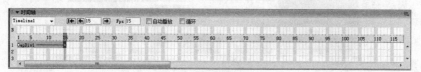

图 5 - 22 添加对象到时间轴

167

图 5 - 23　拖动帧

⑤用鼠标分别单击第 30 帧和第 60 帧处,右击鼠标,在弹出的快捷菜单中选择"增加关键帧"命令,插入关键帧,如图 5 - 24 所示。

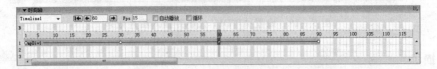

图 5 - 24　插入关键帧

⑥用鼠标单击第 30 帧,选中 apDiv1,在【属性】面板中设置"左"为"780px","上"为"230px",如图 5 - 25 所示。

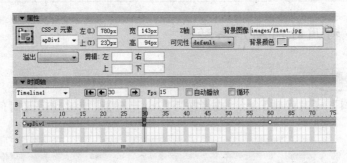

图 5 - 25　设置第 30 帧上 apDiv1 位置

⑦单击第 60 帧,选中 apDiv1,在【属性】面板中设置"左"为"150px","上"为"500px"。此时,apDiv1 可以沿着闭合的路径浮动,如图 5 - 26 所示。

图 5 - 26　apDiv1 浮动的路径

⑧在【时间轴】面板上，设置帧频"Fps"为"10"，勾选"自动播放"和"循环"两个复选框，设置当前页面加载时自动、循环播放动画，如图 5-27 所示。

图 5-27　【时间轴】面板的动画设置

⑨执行【文件】→【保存】命令，保存网页；按快捷键 F12 预览网页，在浏览器中查看 AP 元素的浮动效果，如图 5-28 所示。

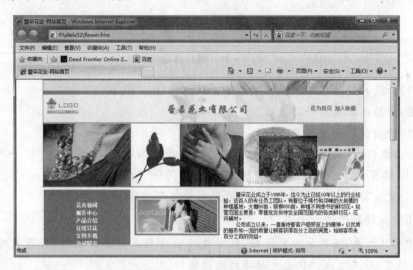

图 5-28　AP 元素的浮动效果

知识百科

1. 时间轴

时间轴是根据时间的变化通过 AP 元素的位置变化方式显示动画效果的一种动画编辑界面。执行【窗口】→【时间轴】命令，或者按【Alt＋F9】快捷键，均可打开【时间轴】面板，如图 5-29 所示。

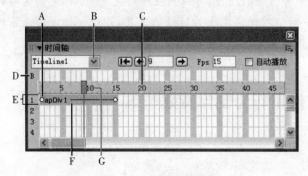

图 5-29　【时间轴】面板

A.关键帧　B.时间轴菜单　C.帧编号　D.行为通道　E.动画通道　F.动画条　G.播放栏

这里：

- 关键帧：定义动画条中已经为对象指定属性(如位置)的帧，用小圆标记表示。
- 时间轴弹出菜单：指定当前在【时间轴】面板中显示文档的哪一个时间轴。
- 帧编号：指示帧的序号。"后退"和"播放"按钮之间的数字是当前帧编号。可以通过设置帧的总数和每秒播放的帧数(fps)来控制动画的持续时间，默认为每秒15帧。
- 行为通道：说明应在时间轴中特定帧处执行的行为。
- 动画通道：显示用于制作 AP 元素和图像动画的条。
- 动画条：显示每个对象的动画的持续时间。
- 播放栏：显示当前在"文档"窗口中显示时间轴的哪一帧。如图 5-30 所示。

图 5-30 播放选项栏

- 重新播放：将播放栏移至时间轴的第1帧。
- 后退：将播放栏向左移动1帧。
- 播放：将播放栏向右移动1帧。
- 自动播放：使当前页在浏览器中加载时自动开始播放。"自动播放"将一个行为附加到页的 body 标签，该行为在页加载时执行"播放时间轴"动作。
- 循环：使当前页在浏览器中打开时无限期地循环播放。

2. 利用时间轴制作动画的方法

①选中 AP 元素，将其拖入时间轴，在生成的动画条上添加关键帧，并设置该关键帧的 AP 元素的位置，从而生成 AP 元素动画的运动路径。

②选中 AP 元素，单击鼠标右键，在弹出的快捷菜单中选择"记录路径"命令，拖动 AP 元素，随意在设计窗口中移动；移动到需要的位置时，释放鼠标，则窗口中将出现用细线表示的路径，时间轴上显示出路径的关键点，从而产生动画。

项目小结

　　利用 AP 元素和时间轴的结合，可以产生浮动效果。AP 元素运动的路径可以根据需要改变，一种方法是利用对动画条上关键帧的设置，另外一种方法是系统记录用户鼠标的移动位置。灵活使用这两种方法，可以让用户生成预想的动画效果。

 项目3　使用行为制作特效

项目描述

　　使用时间轴与 AP 元素结合可以在网页中制作出一些动态特效，在网页中加入行为能够产生更丰富的动态效果。行为是事件和由该事件触发的动作的组合，也就是说一个事件的发生,会对应产生一个动作。譬如当打开网页时,弹出了一个窗口。本项目以制作漂浮图标为例,讲解在网页中如何添加行为的方法。

项目分析

使用行为,需要设置两个要素:一是事件,这个事件是浏览器提供的,每个浏览器都提供了一组事件;二是动作,动作是一段预先编写好的脚本代码,可以执行诸如打开窗口,显示或隐藏 AP 元素等任务。本项目首先创建 AP 元素,然后在时间轴上添加帧行为。因此,本项目可分解为以下任务:

任务 1　创建多个 AP 元素并设置属性

任务 2　在时间轴上添加帧的行为

项目目标

● 掌握创建多个 AP 元素的方法

● 掌握设置 AP 元素属性的方法

● 掌握在网页中添加行为的方法

任务 1　创建多个 AP 元素并设置属性

操作步骤

①在 F 盘新建文件夹 sitelx53,将"素材\单元 5\5-3"文件夹下的内容拷贝到该文件夹下,然后打开 shibo.html 文件。

②单击【插入】栏上"布局"类别的"绘制 AP DIV"按钮 ;移动光标到文档区域,鼠标指针变成十字形,拖动鼠标,绘制出蓝色矩形边框。

③单击所绘制的矩形边框,选中 apDiv1,打开【属性】面板,设置"左"为"280px","上"为"580px","宽"为"50px","高"为"50px",如图 5-31 所示。

图 5-31　【属性】面板

④在 apDiv1 边框中插入图像"images\海宝.gif",将图像宽和高都设为"50px",效果如图 5-32 所示。

⑤同样,创建 apDiv2、apDiv3、apDiv4,然后分别插入图片"英国馆.jpg""沙特阿拉伯馆.jpg""中国国家馆.jpg";将图片宽和高分别设为"150px"和"120px"。AP 元素将根据对应场馆位置移动到相应位置,如图 5-33 所示。

任务 2　在时间轴上添加帧的行为

操作步骤

①执行【窗口】→【时间轴】命令,打开【时间轴】面板;将 apDiv1 拖入时间轴,产生一段动

Dreamweaver CS3 网页制作项目实训

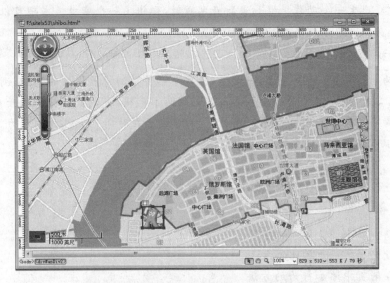

图 5 - 32　创建 AP 元素并设置属性后的效果

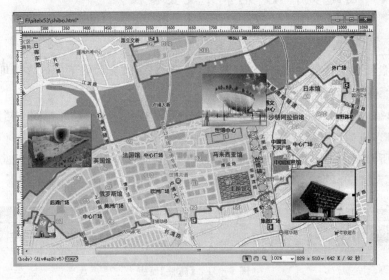

图 5 - 33　创建 4 个 AP 元素并设置属性后的效果

画;单击第 15 帧,在 apDiv1 的【属性】面板中设置"左"为"419px","上"为"486px",如图 5 - 34 所示,此时海宝的位置在英国馆,如图 5 - 35 所示。

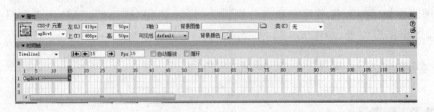

图 5 - 34　设置 apDiv1 在时间轴第 15 帧动画

172

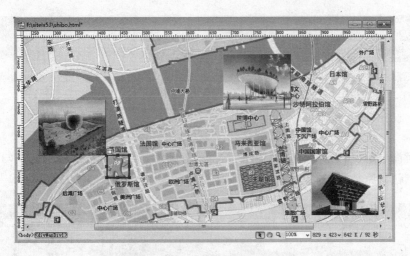

图 5 - 35　海宝的位置

❷右击行为通道的第 15 帧,在弹出的快捷菜单中选择"添加行为"命令,系统弹出提示信息,提示用户选择【行为】面板中"＋"菜单,如图 5 - 36 所示。

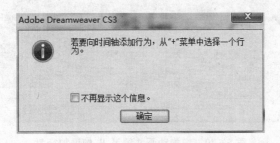

图 5 - 36　添加行为提示框

❸单击【确定】按钮,然后在【行为】面板中单击"添加行为"按钮 ，在弹出的菜单中选择"显示-隐藏元素"命令,打开【显示-隐藏元素】对话框,如图 5 - 37 所示。

❹选中"div 'apDiv2'",单击"显示"按钮,其他元素默认为原来状态;单击【确定】按钮,在【行为】面板上对第 15 帧添加行为,如图 5 - 38 所示。

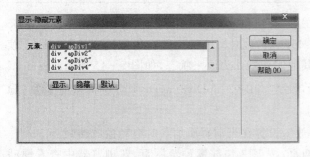

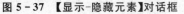

图 5 - 37　【显示-隐藏元素】对话框

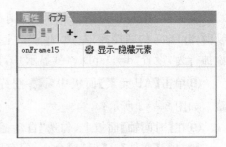

图 5 - 38　给第 15 帧添加行为

❺采用相同方法,将 apDiv1 拖入时间轴,则在第 25 帧和第 40 帧之间,产生一段动画。设置第 40 帧时,apDiv1 的属性为"左:849px","上:368px",如图 5 - 39 所示。

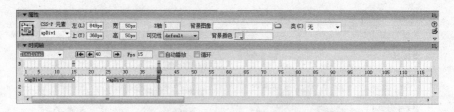

图 5 - 39　设置 apDiv1 在时间轴第 40 帧动画

⑥此时海宝的位置在沙特阿拉伯馆。对第 40 帧添加行为,设置"div 'apDiv3'(显示)",其他元素默认为原来状态,如图 5 - 40 所示。

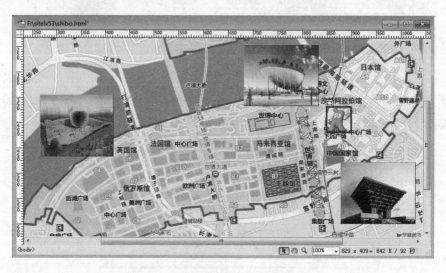

图 5 - 40　增加动画并给第 40 帧添加行为

🕐 **贴心提示**

在时间轴"Timeline1"上可以加入多段动画,每段动画之间的间隔可以使运动对象静止一段时间。如:第 15 帧和第 25 帧之间没有动画,此时,运动对象在第 15 帧时的位置不动,这样可以产生一种运动暂停的效果。

⑦同样,将 apDiv1 拖入时间轴,则在第 50 帧和第 65 帧之间,产生一段动画。设置第 65 帧时,apDiv1 的属性为"左:822px","上:469px",这时海宝的位置在中国国家馆;对第 65 帧添加行为,设置"div 'apDiv4'(显示)",其他元素默认为原来状态,如图 5 - 41 所示。

⑧单击【AP 元素】面板中 👁 图标,设置 apDiv2、apDiv3、apDiv4 初始状态为 👁 (隐藏),如图 5 - 42 所示。

⑨在【时间轴】面板上,勾选"自动播放",设置在当前页面加载时自动播放动画。

⑩执行【文件】→【保存】命令,保存网页;按 F12 快捷键预览网页,在浏览器中查看漂动图标的效果,如图 5 - 43 所示。

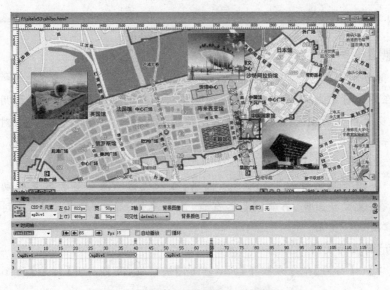

图 5 - 41　增加动画并给第 65 帧添加行为

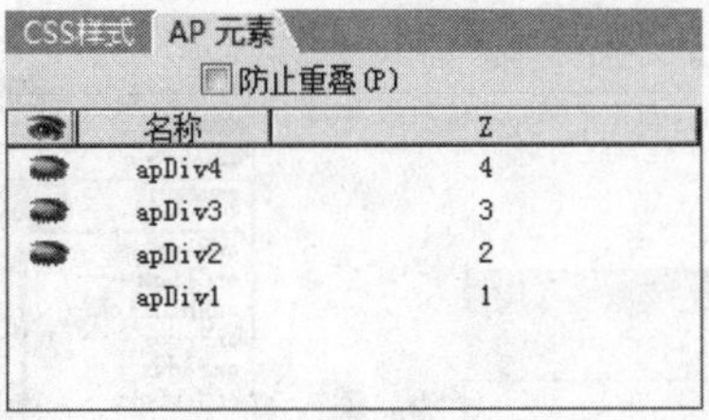

图 5 - 42　设置 AP 元素的初始显示-隐藏状态

图 5 - 43　漂动图标的效果

知识百科

1. 行为概述

1) 行为和动作

行为是在某一对象上因为某一事件而触发某一动作的综合描述。它是被用来动态响应用户操作、改变当前页面效果或是执行特定任务的一种方法。行为是由事件、对象和动作构成的。使用行为，可以让它完成打开新浏览窗口、播放背景音乐、控制 Shockwave 文件的播放等任务。

动作是一段预先编写好的 JavaScript 代码，可以执行一些任务。常见的动作有交换图像、弹出信息、恢复交换图像、打开浏览器窗口、改变属性、显示-隐藏元素、转到 URL 等，用户可以根据需要选择使用。

2)"行为"面板的使用

执行【窗口】→【行为】命令或按下【Shift＋F4】快捷键，即可打开【行为】面板，如图 5 - 44 所示。在该面板中单击"添加行为"按钮 ➕，在菜单中选择需要添加的动作，然后单击事件下拉列表，选择事件，如图 5 - 45 所示。

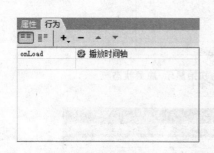

图 5 - 44 【行为】面板

图 5 - 45 选择事件

常见的事件和作用如表 5 - 1 所示。

表 5 - 1 常见的事件和作用

事 件 名	作 用
onMouseOver	鼠标经过时发生
onMouseOut	鼠标离开时发生
onMouseDown	鼠标左键按下时发生
onMouseUp	鼠标左键释放时发生
onMouseMove	鼠标移动时发生
onClick	鼠标单击时发生
onDblClick	鼠标双击时发生
onload	载入网页时发生
onframeN	当播放时间轴上第 N 帧时发生

2.行为的操作

1）编辑行为

在添加某个行为后如果需要对该行为进行修改,可以在【行为】面板中双击该行为;也可以单击选中该行为,然后右击鼠标,在快捷菜单中选择"编辑行为"命令进行修改。

2）删除行为

对【行为】面板中已经添加的行为,可以单击选中某个行为,然后按 Delete 键进行删除;也可以单击选中该行为,右击鼠标,在快捷菜单中选择"删除行为"命令进行删除。

项目小结

　　对于一般用户而言,自己编写 JavaScript 代码来制作网页特效是不容易的,Dreamweaver 将一些常用的 JavaScript 代码段,以菜单命令方式安排在【行为】面板上,通过选择和简单的操作,即可给网页添加特效。通过本项目学习,应掌握添加、编辑和删除行为的方法,再进一步练习使用常用的行为,就能给网页增色。

项目4　使用插件制作特效

项目描述

插件是 Dreamweaver 的一大特色。插件类似于 Photoshop 中的滤镜,安装插件可以使 Dreamweaver 功能得到扩展。用户使用插件后,可以方便地制作一些特效,让网页增色。本项目以下载安装使用"Shell Menu"为例,介绍 Dreamweaver CS3 中使用插件制作特效的方法。

项目分析

使用插件能够提高用户制作网页的效率,生成用户需要的效果。获得 Dreamweaver CS3 的插件途径很多,但是提供插件资源最丰富的是 Adobe 官方网站 Adobe Exchange。本项目首先下载并安装插件,然后在网页中使用插件添加特效。因此,本项目可分解为以下任务:

任务1　下载并安装插件
任务2　使用插件

项目目标

● 掌握插件的安装方法
● 掌握插件的使用方法

任务1　下载并安装插件

操作步骤

①登录 Adobe 官方网站 Adobe Exchange(http://www.adobe.com/cn/exchange/),选

择"Dreamweaver＊",打开【Adobe Dreamweaver Exchange】界面,如图 5 - 46 所示。

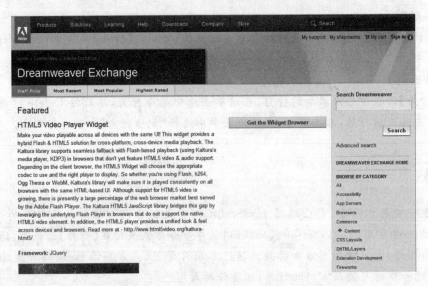

图 5 - 46　Adobe Dreamweaver Exchange 主页

　　❷在【Dreamweaver Exchange】下载插件的页面中,如果用户没有在 Adobe 官方网站注册,则当单击"Download"按钮时,将提示用户创建账号进行注册,如图 5 - 47 所示;如果用户已经是 Adobe 官方网站成员,则可以直接输入"ID"和"Password"进行登录。

图 5 - 47　Adobe 网站注册界面

　　❸单击"Create an Adobe Account"按钮,进行新用户注册,将打开如图 5 - 48 所示页面,按照提示填写个人信息。其中带"＊"的选项为必填项,填写完毕单击"Continue"按钮,完成注册,此时用户成为 Adobe 官方网站成员,可以从网站上下载插件。

　　❹从"Dreamweaver Exchange"下载插件的页面中,选取"Shell Menu"插件(免费的),单击"Download"按钮,如图 5 - 49 所示。注意,有些插件是需要购买才可以下载的。

　　❺单击下载 "Shell Menu"插件后,在本地硬盘上将得到"menu007try.zip"文件,将该文

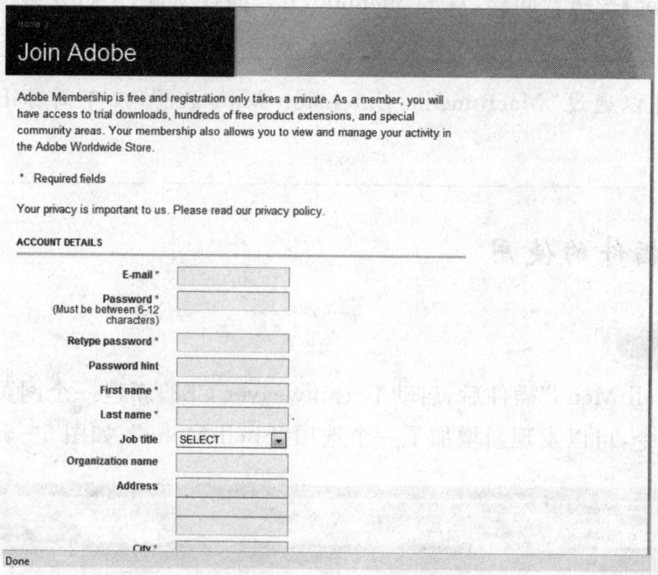

图 5 - 48　Adobe 网站用户注册信息界面

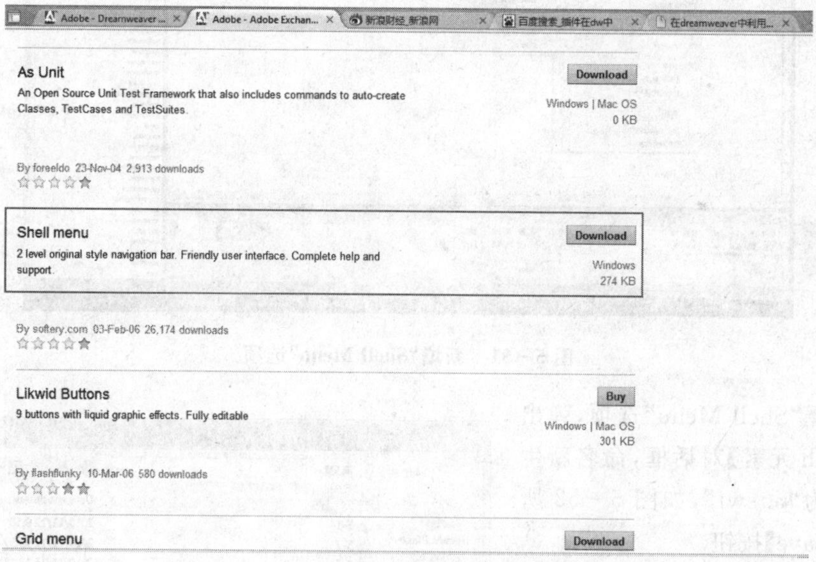

图 5 - 49　选取"Shell Menu"插件下载

件解压得到两个 mxp 插件文件和一个"help"文件夹,如图 5 - 50 所示。

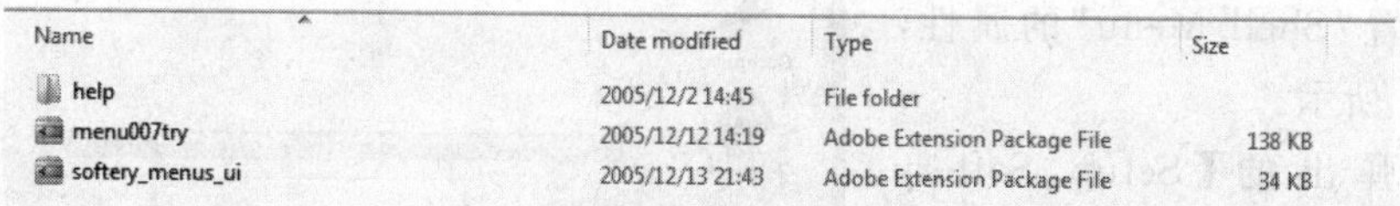

图 5 - 50　下载的"Shell Menu"插件文件

❻直接双击"softery_menus_ui"插件文件,然后单击【Accept】按钮接受协议,在弹出的

信息框中单击【确定】按钮。同样，双击"menu007try"插件文件，进行安装。

贴心·提示

安装插件也可以通过"Macromedia Extension Manager"（以下简称 EM），中文名称为"插件管理器"。

任务 2 插件的使用

操作步骤

①安装了"Shell Menu"插件后，启动 Dreamweaver CS3，新建一个网页文件，执行【插入记录】→【媒体】命令，可以发现新增加了一个选项"Shell Menu"，如图 5-51 所示。

图 5-51 新增"Shell Menu"选项

②选择"Shell Menu"选项，弹出【保存 Flash 元素】对话框，命名新生成的文件为"a.swf"，如图 5-52 所示，单击【Save】按钮。

③则在网页中添加了一个 Flash 元素，在该元素上右击，在弹出的快捷菜单中选择"Setup Softery Menu"，设置"Shell Menu"的属性，如图 5-53 所示。

④在弹出的【Setup Softery Menu】对话框中（如图 5-54 所示），可以对将生成的 Flash 格式的动态菜单进行设置。默认情况下，菜单中

图 5-52 【保存 Flash 元素】对话框

180

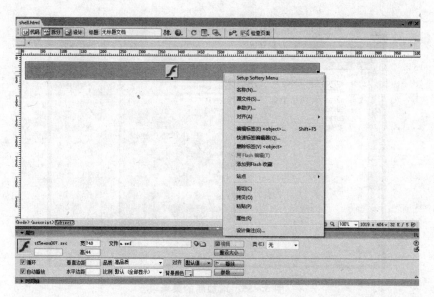

图 5 - 53　设置 Flash 元素

有"Button1……Button5"5 个菜单选项,"Button1"选项下面有"sub1……sub5"5 个子菜单
选项。对"Button1"这个选项,可以定义它的名字"Name",给出它的超链接地址"URL",指
定超链接打开的位置"Target"。

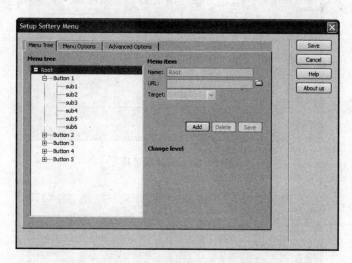

图 5 - 54　【Setup Softery Menu】对话框

⑤单击【Add】按钮添加一个新菜单选项,定义它的名字"Name:友情链接",给出它的超
链接地址"URL:http://www.baidu.com",指定超链接打开的位置"Target:_parent",单击
"Save"按钮添加一个新菜单选项"友情链接",如图 5 - 55 所示。

⑥在【Setup Softery Menu】对话框中,选择"Menu Options"选项卡,可以设置菜单项和
子菜单项的背景颜色,以及文字的颜色、字体、字号、高度等,如图 5 - 56 所示。

⑦在【Setup Softery Menu】对话框中,选择"Advanced Options"选项卡,可以设置菜单
项和子菜单项的背景变化、子菜单项出现的速度等,如图 5 - 57 所示。

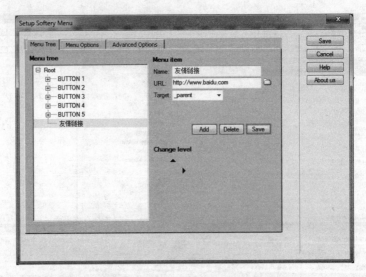

图 5 - 55　增加新的菜单项

图 5 - 56　设置菜单项

图 5 - 57　设置菜单动态效果

⑧关闭【Setup Softery Menu】对话框后,保存网页;按 F12 快捷键预览网页,效果如图 5-58所示。

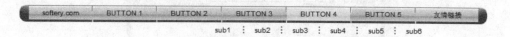

图 5-58　使用"Shell Menu"插件的效果

知识百科

1. 安装插件管理器

要使用 Dreamweaver CS3 的插件,最好使用插件管理器(Macromedia Extension Manager,简称 EM),如果没有,可以到官方网站上下载 Extension Manager 1.8,网址为 http://www.adobe.com/cn/exchange/em_download/em18_download.html。Extension Manager 1.8 包含对 Dreamweaver CS3、Fireworks CS3 和 Flash CS3 的支持。

Extension Manager 要求系统是 Mac OS X 10.4.8 或带有 Service Pack 2 的 Windows XP,或 Windows Vista Home Premium、Business、Enterprise 或 Ultimate(已对 32 位版本进行验证);6 MB 额外硬盘空间;10 MB 额外 RAM。

下载 Extension Manager 到本地计算机上,双击安装程序,按照提示就可以进行安装了。

2. 使用插件管理器

成功安装插件管理器之后,可以直接在 Dreamweaver CS3 中访问它。单击"帮助"菜单,选择"扩展管理"就可以打开插件管理器,如图 5-59 所示。

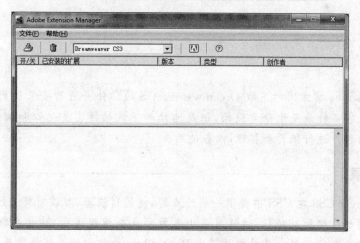

图 5-59　插件管理器

在插件管理器中,执行【文件】→【安装扩展】命令,将打开如图 5-60 所示的【选取要安装的扩展】对话框,选择要安装的插件,然后单击【安装】按钮,安装成功后会出现提示信息。

在插件管理器中,可以显示已安装插件的名称、版本、类型、创作者等相关信息,如图 5-61 所示。也可以通过插件管理器禁用、移除、提交插件。

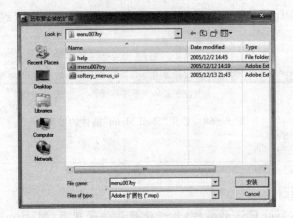

图 5 – 60 【选取要安装的扩展】对话框

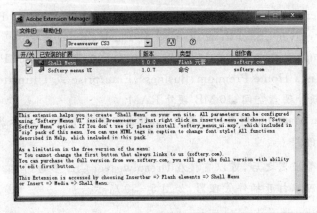

图 5 – 61 显示插件的信息

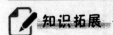

通过从 Adobe 官方网站下载 Dreamweaver CS 的插件并进行安装使用，可以体会到使用插件产生网页特效是十分方便的，但是选择和下载插件需要耐心和细致地工作。平时应对下载的插件进行保存和整理，以备使用。

✏ 知识拓展

Dreamweaver CS3 在 CSS 中提供一些过滤器，使用过滤器，可以对样式所控制的对象应用特殊效果（例如模糊和反转）。过滤器是由参数和参数值组成的，这些参数和值的变化组合，能使对象产生各种效果。其功能并不比 PhotoShop 软件中的滤镜效果逊色。相反，不少图像处理软件进行特殊效果处理之后的图片容量会有所增加，而使用过滤器对图片进行处理能保持图片原有的属性，大大加快网页装载速度。过滤器参数属性过多，针对不同的对象，各类参数要根据使用者的喜好、需求及对象本身的属性进行设置调试。

1. 常用过滤器

1）Alpha 滤镜

让对象呈现渐变半透明的效果，其各项参数及功能如表 5 – 2 所示。

表 5-2　Alpha 滤镜中的参数及功能

参 数 名 称	功　　能	参 数 值
Opacity	设置图片不透明的程度,单位为"百分比"	0~100,0 表示完全透明,100 表示完全不透明
Finish Opacity	与 Opacity 配合使用,可以制作出透明渐进的效果	0~100,0 表示完全透明,100 表示完全不透明
Style	当同时设定了 Opacity 和 Finish Opacity 产生透明效果时,它主要用来指定渐进的显示形状	0(没有渐进),1(直线渐进),2(圆形渐进),3(矩形辐射)
StartX	渐进开始的 X 坐标值	
StartY	渐进开始的 Y 坐标值	
FinishX	渐进结束的 X 坐标值	
FinishY	渐进结束的 Y 坐标值	

示例:Alpha(Opacity=100,FinishOpacity=30,Style=2,StartX=0,StartY=0,FinishX=100,FinishY=80)。

2)Blur 滤镜

让对象产生风吹模糊的效果,其各参数及其功能说明如表 5-3 所示。

表 5-3　Blur 滤镜中的参数及其功能

参 数 名 称	功　　能	参 数 值
Add	设置是否要在已经应用 Blur 滤镜上的 HTML 元素上显示原来的模糊方向	0:表示不显示原对象,非 0 表示要显示原对象
Direction	设置模糊的方向	0(上),45(右上),90(右),135(右下),180(下),225(左下),270(左),315(左上)
Strength	指定模糊图像模糊的半径大小,单位是像素(pixels)	默认值是 5,取值范围为自然数

示例:Blur(Add=1,Direction=315,Strength=240)。

3)Chroma 滤镜

主要用于把图片中的某个颜色变成透明的。使用了该滤镜以后,原图片中的一部分颜色就好像没有了一样。它只有一个参数"Color",用来指定透明的姿色,即不显示出来的颜色。

示例:Chroma(Color=#6D6D6D)。

4)Glow 滤镜

可以使 HTML 元素对象的外轮廓上产生一种光晕效果,其各参数及其功能说明如表 5-4 所示。

表 5 - 4　Glow 滤镜中的参数及其功能

参 数 名 称	功　能	参 数 值
Color	指定晕开阴影的颜色	♯RRGGBB 格式的颜色值
Strength	指定晕开阴影的范围	设定值从 1～255，数字越大晕得就越强，数字越小则反之

示例：Glow(Color＝♯ff0000,Strength＝3)。

2. 过滤器的使用

单击【CSS 样式】面板右下方的"新建 CSS 规则"按钮，弹出【新建 CSS 规则】对话框，将选择器类型设置为"类(可应用于任何标签)"，在"名称"文本框中输入名称，如：. guangyun，将"定义在"设置为"仅对该文档"，然后单击【确定】按钮。在弹出的【CSS 规则定义】对话框中，选择"扩展"选项，如图 5 - 62 所示，在"过滤器"选项中进行设置。

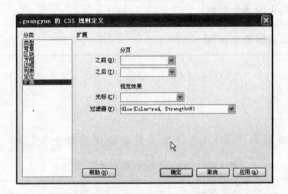

图 5 - 62　在【CSS 规则定义】对话框中设置过滤器

在 Dreamweaver CS3 中，过滤器效果主要运用于 HTML 中的块状元素，如图像、表格和 AP DIV 等。所以这里定义的类样式可以应用于包含文本的表格上。

单 元 小 结

本单元共完成 4 个项目，学完后应该有以下收获：

(1) 掌握使用 CSS 样式表美化网页的方法。

(2) 了解时间轴、行为、插件的概念。

(3) 掌握 AP 元素和时间轴、行为结合制作网页特效的方法。

(4) 了解插件的下载安装和使用方法。

实训与练习

1. 实训题

(1) 使用 CSS 样式，对"素材\单元 5\实训\实训 5-1\原始文件\index. html"中的网站进行美化，效果如图 5-63 所示。可以参考最终效果文件夹中的样式表文件"style. css"进行相关样式定义。

图 5-63　CSS 美化效果图

（2）打开"素材\单元 5\实训\实训 5-2\float.html"，利用 AP 元素和时间轴结合，制作漂浮广告效果，如图 5-64 所示。

图 5-64　漂浮广告效果图

（3）在 Dreamweaver CS3 中应用 AP 元素结合行为，创建动态下拉菜单效果，最终效果如图 5-65 所示。

图 5-65　动态下拉菜单图

操作提示：通过行为来控制下拉菜单所在层的显示和隐藏。

（4）从 Adobe 官方网站 Adobe Exchange 下载 Dreamweaver CS3 的插件并安装使用。

2. 练习题

（1）填空题

①样式表文件的扩展名是_____。

②在 CSS 中 a：link 设定_____链接文字的样式。

③_____是浏览器生成的消息，它指示该页的访问者已执行了某种操作。

④行为的两个要素是_____和_____。

⑤Onframe15 事件的含义是_____。

⑥Dreamweaver CS3 中，在如果"属性"面板被隐藏，可以通过单击_____来打开。

⑦_____是根据时间的变化通过 AP 元素的位置变化方式显示动画效果的一种动画编辑界面。

⑧Macromedia Extension Manager 的中文名称是_____。

（2）选择题

①（   ）样式表一般应用于较大型的、页面较多的站点。

A. 内部　　　　　　B. 外部　　　　　　C. 嵌入　　　　　　D. 相对

②下列各项中不是 CSS 样式表优点的是（   ）。

A. CSS 可以用来在浏览器的客户端进行程序编制，从而控制浏览器等对象操作，创建出丰富的动态效果

B. CSS 对于设计者来说是一种简单、灵活、易学的工具，能使任何浏览器都听从指令，知道该如何显示元素及其内容

C. 一个样式表可以用于多个页面，甚至整个站点，因此具有更好的易用性和扩展性

D. 使用 CSS 样式表定义整个站点，可以大大简化网站建设，减少设计者的工作量

③可以使用（   ）动作在当前文档或指定框架中打开新页。

A. 弹出信息　　　　B. 检查表单　　　　C. 转到 URL　　　　D. 打开浏览器窗口

④（   ）菜单用于为新行为选择首选的兼容浏览器。

A. 显示事件　　　　B. 事件　　　　　　C. 动作　　　　　　D. 箭头

⑤在 Dreamweaver CS 中，按下"Shift ＋（   ）"组合键，可以打开"CSS 样式"面板。

A. F9　　　　　　　B. F10　　　　　　C. F11　　　　　　D. F12

⑥在 Dreamweaver CS 中，打开"时间轴"面板的快捷键是（   ）。

A. Ctrl＋F9　　　　B. Ctrl＋F10　　　　C. Alt＋F9　　　　　D. Alt＋F12

第**6**单元

创建动态网页

本单元通过 2 个项目的制作过程，使读者了解动态网页的概念，并且能够创建简单的表单；了解数据库的基本知识，能使用动态网页连接数据库，并运用数据库方法对数据库进行简单的添加、删除和修改等操作。

本单元由以下 2 个项目组成：

项目 1　在网页中插入表单

项目 2　在网页中应用数据库

项目1　在网页中插入表单

项目描述

在网页设计中,用户经常需要制作一些可以搜集用户信息的页面,在这些页面中用到的对象被称为表单。包含表单的页面通常被当做客户端页面显示,当用户在浏览有表单的页面时,填入必要的信息,并且提交,这些信息会通过网络传送给服务器。服务器会对这些数据进行处理,如果信息有错误,会返回错误信息,并要求纠正;如果数据完整无误,服务器则会执行并给用户反馈结果信息。本项目通过"东升音乐电子书店"网站的会员注册页面的制作过程,学习如何在网页中插入表单。

项目分析

本项目分为3个部分,首先建立"东升音乐电子书店"站点及空白网页,然后完成该空白注册页面的布局,最后在页面中插入表单对象并设置其属性。因此,本项目可分解为以下任务:

任务1　建立站点及制作网页

任务2　完成注册页面的布局

任务3　插入表单对象并设置其属性

项目目标

- 了解表单交互的原理
- 掌握建立表单布局的方法
- 掌握插入表单对象并设置相关属性的方法
- 能够制作一个完整的表单页面

任务1　建立站点及制作网页

操作步骤

①在F盘建立站点文件夹 sitelx6 及其子文件夹 files 和 images;启动 Dreamweaver CS3,在起始页中建立站点"东升音乐电子书店"。

②在起始页中新建空白 HTML 网页,保存该网页在 files 文件夹内,名称为"login1. html",如图 6 - 1 所示。

图 6 - 1　【文件】面板

任务2　完成注册页面的布局

操作步骤

①执行【修改】→【页面属性】命令,在弹出的【页面属性】对话框中,选择分类栏中的"外

观",设置网页的字体大小为 12 点,颜色为黑色,背景颜色为浅粉色♯FFCCFF,左、右、上、下边距均为 0 像素,如图 6-2 所示。

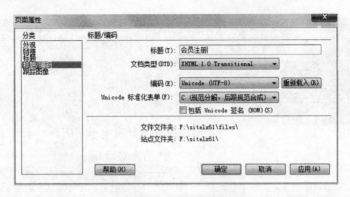

图 6-2 设置外观属性

②在【页面属性】对话框中,选择分类栏中的"标题/编码",设置网页标题为"会员注册",如图 6-3 所示。

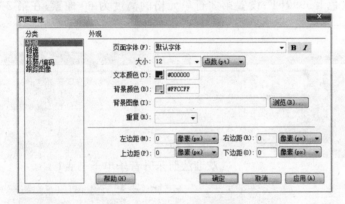

图 6-3 设置标题/编码属性

③单击【插入】栏的"常用"类别中的"表格"按钮 ,插入 2 行 1 列的表格,表格宽度为 950 像素,居中对齐;在第 1 行单元格中插入图片"bg1.jpg";设置第 2 行单元格的背景颜色为浅黄色♯FFFF99,单元格高度为 35,效果如图 6-4 所示。

图 6-4 插入表格并设置属性

④在第 2 行单元格内输入文本"欢迎注册东升音乐电子书店！带 * 的为必填项"；设置文本大小为 30 像素，居中对齐，效果如图 6-5 所示。

图 6-5　输入文本并设置属性

⑤插入 3 行 1 列表格，表格宽度为 950 像素，居中对齐；设置第 2 行单元格的高度为 1 像素，背景为浅紫色♯9999FF；设置第 3 行单元格的高度为 60 像素；在第 2 行单元格内输入版权信息，如图 6-6 所示。

图 6-6　制作版权信息

任务 3　插入表单对象并设置属性

操作步骤

①将光标定位在第 1 行单元格内，单击【插入】栏的"表单"类别，打开表单工具栏，如图 6-7 所示。

图 6-7　"表单"工具栏

②单击"表单"工具栏上的"表单"按钮 ⬚，在单元格内插入表单域，如图 6－8 所示。

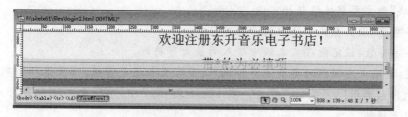

图 6－8　插入表单域

③在表单域中插入 11 行 2 列的嵌套表格，表格宽度设置为 600 像素，高度设置为 300 像素。

④在表格的第 1 列单元格中分别输入文本"用户名："密码：""E-mail 地址：""性别："
"职业：""电话：""兴趣爱好："和"备注信息："，将最后两行单元格合并，效果如图 6－9 所示。

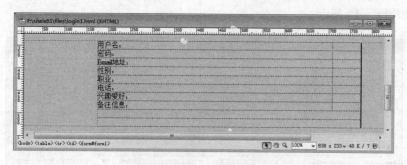

图 6－9　制作表单布局表格

⑤将光标分别定位在"用户名：""密码：""E-mail 地址："和"电话："项右侧的单元格内，
单击"表单"工具栏上的"文本字段"按钮 Ⅰ，插入多个文本域；在"用户名：""密码：""E-mail
地址："文本域后输入字符"＊"。

⑥分别选取"用户名：""密码：""E-mail 地址："所对应的文本域，设置文本域名称分别为
"name""password"和"e-mail"，字段宽度均设置为 30；设置"password"文本域类型为"密
码"；选取"电话："所对应的文本域，设置第 1 个文本域的名称为"tel1"，字符宽度与最多字符
数均设置为 4；设置第 2 个文本域的名称为"tel2"，字符宽度与最多字符数均设置为 8，效果
如图6－10所示。

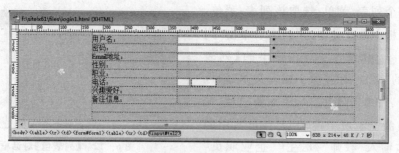

图 6－10　插入文本域

🕐**贴心·提示**

"文本域"的主要属性值包括：

● 字符宽度：设置在文本域中显示的字符数。

● 最多字符数：设定能在文本域中输入的最大字符数。

● 类型：指明文本框内的类型是单行文本、多行文本还是密码，如果选择密码，则在文本域中显示的内容都用"＊"或"·"代替。在 Dreamweaver 中，单行文本域和多行文本域或密码域是可以互换的。

● 初始值：指定表单第一次加载时文本域中显示的默认值。

⑦将光标定位在"性别："项右侧的单元格内，单击"表单"工具栏上的"单选按钮" ◉ ，插入一个单选按钮，在其后接着输入文字"男"；用同样方法插入另一个单选按钮和文字"女"；选取该组单选项，在"属性"面板的"单选按钮"的名称域里输入"xb"，初始状态选取"未选中"。效果如图 6－11 所示。

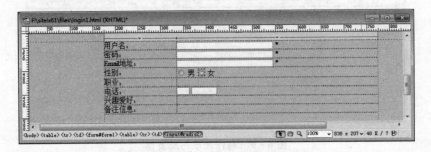

图 6－11　插入单选按钮

🕐**贴心·提示**

"单选按钮组"的选项包括：

● 名称：指定单选按钮组的名称。

● 单选按钮：可以通过单击"＋"或"－"按钮，增加或删除单选按钮的条目，还可以双击其下列表框中的条目，编辑其中的值。

⑧将光标定位在"职业："项右侧的单元格内，单击"表单"工具栏上的"列表/菜单"按钮 ▤ ，插入一个列表/菜单；选取该列表/菜单，在【属性】面板中设置类型为"列表"；单击"列表值"按钮 列表值... ，在弹出的【列表值】对话框的"项目"标签项中输入文本"请选择您的职业："；单击 ✚ 按钮，添加新项目，在出现新项目的文本域中输入"公务员"；用同样方法依次输入"教师""医生""企业职员""学生""个体工商户""其他"，如图 6－12 所示。

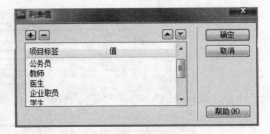

图 6－12　【列表值】对话框

⑨单击"确定"按钮,效果如图 6-13 所示。

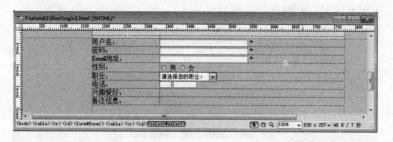

图 6-13 插入列表

🕐**贴心·提示**

"列表/菜单"的选项包括:

● 类型:指定该对象是一个弹出式下拉菜单还是一个滚动列表。

● 高度:这个选项在选择"列表"类型时才有效,是指一次显示的条目数,而不是列表的显示高度。

● 选定范围:这个选项在选择"列表"类型时才有效,可以选择是否允许用户在列表中复选。

● 初始化时选定:表示第一次被载入时的默认选定值。

● 列表值:按下这个按钮后,会打开如图 6-12 所示对话框,可以在其中增减列表或菜单的条目。

⑩将光标定位在"兴趣爱好:"项右侧的单元格内,单击"表单"工具栏上的"复选框"按钮✅,插入一个复选框;输入文本"音乐";用同样方法依次插入"体育""旅游""美术""读书""电影""上网""游戏""美食""戏曲"等选项,如图 6-14 所示。

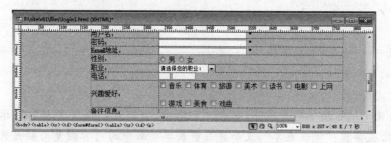

图 6-14 插入复选框

🕐**贴心·提示**

"复选框"的选项包括:

● 选定值:设置被选中时复选框的值。

● 初始状态:设定复选框第一次被载入时的状态,有两个值,分别是"已勾选"和"未选中"。

⑪将光标定位在"备注信息："项右侧的单元格内，单击"表单"工具栏上的"文本区域"按钮，插入一个文本区域，如图 6－15 所示。

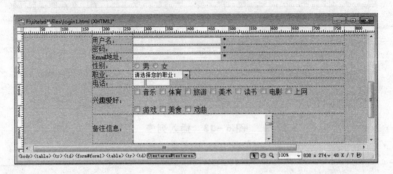

图 6－15 插入文本区域

⑫将光标定位在表格的最后一行单元格内，单击"表单"工具栏上的"按钮"按钮，连续插入两个按钮；选取第一个"提交"按钮，在"属性"面板的"动作"项中选取"重设表单"，并设置居中对齐，如图 6－16 所示；保存该网页。

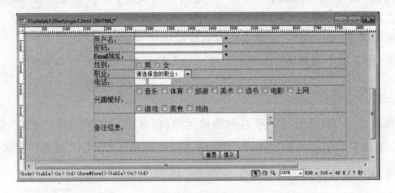

图 6－16 插入按钮

贴心·提示

"按钮"的选项包括：

● 值：设定按钮上的文字。

● 动作：设定按钮按下时的事件，它有 3 个选项，分别是："提交表单"，表示将用户填写的内容提交给服务器；"重设表单"，表示将当前表单页面中的内容恢复为初始化状态；"无"，表示按钮没有默认事件发生，可以使用脚本语言对其进行处理。

📖知识百科

1. 表单基础知识

1）表单

随着网站功能的完善，用户对网页的要求不仅是获取信息，还希望具有交互功能。表单，作为与浏览者交互的一种元素，被广泛应用在网站的各个区域。其表现形式有问卷调查、网上交易和注册会员等。

表单只是收集用户输入的信息，其数据的接收、传递、处理以及反馈工作是由通用网关接口的 CGI 程序来完成的。如果要在网页中添加表单，就必须编写相应的 CGI 程序。

2）表单的组成

一个表单有 3 个基本组成部分：表单标签，这里面包含了处理表单数据所用 CGI 程序的 URL 以及数据提交到服务器的方法；表单域，包含了文本框、密码框、隐藏域、多行文本框、复选框、单选框、列表/菜单和文件上传框等；表单按钮，包括提交按钮、复位按钮和一般按钮，用于将数据传送到服务器上的 CGI 脚本或者取消输入，还可以用表单按钮来控制其他定义了处理脚本的处理工作。

3）"表单"工具栏

单击【插入】栏的"表单"类别，可以打开"表单"工具栏。在"表单"工具栏中包含有若干个表单对象，其功能如下：

（1）表单 ：是其他表单对象的应用基础，包括任何其中的对象，如文本区域、复选框、菜单、标签等。

（2）文本域 ：用于接收用户的信息，包括任何类型的字母和数字，它有 3 种方式：

● 文本字段 ：一种只能在一行中输入的对象。

● 密码域：与文本字段很相似，但其中不管输入任何值，都显示为项目符合或星号。

● 文本区域 ：一种允许换行输入的对象。

● 隐藏区域 ：隐藏区域内的对象不能在页面中显示，它主要的功能是存储处理程序要用的信息，但这些信息与用户并无关系，如表单主题等。

（3）复选框 ：可以创建一组选项，用户可以在这组选项中选择适合的任意一个或多个选项。

（4）单选按钮 ：可以创建多个互相排斥的选择项，用户如果选择其中的某个选项，就会取消该组中的所有其他选项。例如，如果选择了"男"，就不能再选择"女"了。

（5）列表/菜单与跳转菜单 ：可以让用户在列表中创建选项，其中有两种类型："列表"类型是在滚动列表中显示选项值，并允许用户在列表中选择多个选项；"菜单"类型是在弹出式菜单中显示选项值，但只允许选择一个选项。

如果用户想在"菜单"中选择链接地址并跳转，可以选择使用"跳转菜单" ，它可以创建可导航的列表或弹出菜单，其中的每个选项都链接到文档或文件。

（6）图像域 ：用户可以使用图像域替换按钮的一些相关操作，以便生成图形化的按钮。

（7）文件域：如果需要创建可以上传文件的表单对象，可以使用文件域 ，它在文档中插入空白文本域和"浏览"按钮，用户可以使用它的功能浏览硬盘上的文件，并将这些文件作为表单数据上传。

（8）按钮 ：在单击时执行提交或重置表单任务，也可以设置为什么任务都不执行，由用户在脚本中进行处理。

🕐**贴心·提示**

　　表单的每个对象除了在工具栏中选择以外,还可以通过执行【插入记录】→【表单】的各选项命令,在其中选择所需要的表单对象。

　　4) 表单标签

　　<form></form>

　　功能:用于申明表单,定义采集数据的范围,也就是<form>和</form>里面包含的数据将被提交到服务器或者电子邮件里。

　　语法:<FORM ACTION="URL" METHOD="GET | POST" ENCTYPE="MIME" TARGET="…">…</FORM>

　　2. 表单的布局

　　当用户在页面中添加表单之后,文档将以红色虚线表示表单区域,表单对象只能插入在红色虚线内。为了更合理地安排表单对象,可以使用表格来布局表单对象。插入表格后,所有表单对象都可以放置在表格里。表单的属性可以通过"属性"面板来进行设置。具体如下:

　　动作:指定用于处理表单信息的服务器端脚本程序的路径及名称,可以使用 URL 地址来设置。

　　方法:指定提交表单数据的方式,其有 3 个选项:GET 方式,将值追加到请求该页的 URL 中;POST 方式,在 HTTP 请求中嵌入表单数据;默认,使用浏览器的默认值,一般为 GET 方式。

　　目标:指定调用程序所返回数据的显示位置,共有 4 个选项值,分别为:_blank,表示在未命名的新窗口中打开目标文档;_parent,表示在显示当前文档的窗口的父窗口中打开目标文档;_self,表示在提交表单所使用的窗口中打开目标文档;_top,表示在当前窗口的窗体内打开目标文档。

　　3. 插入表单对象并设置属性

　　表单对象包括文本域、多行文本域、密码域、隐藏域、复选框、单选按钮和列表/菜单等,用于采集用户的输入或选择的数据。

　　1) 文本域

　　文本域是一种让访问者自己输入内容的表单对象,通常被用来填写单个字或者简短的回答,如姓名、地址等。

　　代码格式:<input type="text" name="…" size="…" maxlength="…" value="…">

　　属性解释:

- type="text"定义单行文本输入框;
- name 属性定义文本框的名称,要保证数据的准确采集,必须定义一个独一无二的名称;
- size 属性定义文本框的宽度,单位是单个字符宽度;
- maxlength 属性定义最多输入的字符数。
- value 属性定义文本框的初始值。

2）多行文本域

也是一种让访问者自己输入内容的表单对象，只不过能让访问者填写较长的内容。

代码格式：

＜TEXTAREA name＝″…″ cols＝″…″ rows＝″…″ wrap＝″VIRTUAL″＞＜/TEX-TAREA＞

属性解释：

● name 属性定义多行文本框的名称，要保证数据的准确采集，必须定义一个独一无二的名称；

● cols 属性定义多行文本框的宽度，单位是单个字符宽度；

● rows 属性定义多行文本框的高度，单位是单个字符高度；

● wrap 属性定义输入内容大于文本域时显示的方式，可选值如下：

默认值是文本自动换行，当输入内容超过文本域的右边界时会自动转到下一行，而数据在被提交处理时自动换行的地方不会有换行符出现；Off，用来避免文本换行，当输入的内容超过文本域右边界时，文本将向左滚动，必须用 Return 才能将插入点移到下一行；Virtual，允许文本自动换行，当输入内容超过文本域的右边界时会自动转到下一行，而数据在被提交处理时自动换行的地方不会有换行符出现；Physical，让文本换行，当数据被提交处理时换行符也将被一起提交处理。

3）密码域

是一种特殊的文本域，用于输入密码。当访问者输入文字时，文字会被星号或其他符号代替，而输入的文字会被隐藏。

代码格式：＜input type＝″password″ name＝″…″ size＝″…″ maxlength＝″…″＞

属性解释：

● type＝″password″定义密码框；

● name 属性定义密码框的名称。要保证数据的准确采集，必须定义一个独一无二的名称；

● size 属性定义密码框的宽度，单位是单个字符宽度；

● maxlength 属性定义最多输入的字符数。

4）隐藏域

隐藏域是用来收集或发送信息的不可见元素，对于网页的访问者来说，隐藏域是看不见的。当表单被提交时，隐藏域就会将信息用你设置时定义的名称和值发送到服务器上。

代码格式：＜input type＝″hidden″ name＝″…″ value＝″…″＞

属性解释：

● type＝″hidden″定义隐藏域；

● name 属性定义隐藏域的名称。要保证数据的准确采集，必须定义一个独一无二的名称；

● value 属性定义隐藏域的值。

5）复选框

复选框允许在待选项中选中一项以上的选项。每个复选框都是一个独立的元素，都必须有一个唯一的名称。

代码格式：＜INPUT type＝″checkbox″ name＝″…″ value＝″…″＞

属性解释：

● type="checkbox"定义复选框；

● name 属性定义复选框的名称。要保证数据的准确采集，必须定义一个独一无二的名称；

● value 属性定义复选框的值。

6）单选按钮

当需要访问者在待选项中选择唯一的选项时，就需要用到单选框了。

代码格式： <input type="radio" name="…" value="…">

属性解释：

● type="radio"定义单选框；

● name 属性定义单选框的名称。单选框都是以组为单位使用的，在同一组中的单选项都必须用同一个名称；

● value 属性定义单选框的值。在同一组中，它们的域值必须是不同的。

7）文件域

有时候，需要用户上传自己的文件，文件上传框看上去和其他文本域差不多，只是它还包含了一个浏览按钮。访问者可以通过输入需要上传的文件的路径或者点击浏览按钮选择需要上传的文件。

注意： 在使用文件域以前，应先确定服务器是否允许匿名上传文件。表单标签中必须设置 ENCTYPE="multipart/form-data"来确保文件被正确编码；另外，表单的传送方式必须设置成 POST。

代码格式： <input type="file" name="…" size="15" maxlength="100">

属性解释：

● type="file"定义文件域；

● name 属性定义文件域的名称。要保证数据的准确采集，必须定义一个独一无二的名称；

● size 属性定义文件域的宽度，单位是单个字符宽度；

● maxlength 属性定义最多输入的字符数。

8）列表/菜单

列表/菜单允许用户在一个有限的空间设置多种选项。

代码格式：

<select name="…" size="…" multiple>

<option value="…" selected>…</option>

…

</select>

属性解释：

● size 属性定义列表/菜单的行数；

● name 属性定义列表/菜单的名称；

● multiple 属性表示可以多选，如果不设置本属性，那么只能单选；

● value 属性定义选择项的值；

● selected 属性表示默认已经选择本选项。

9) 按钮

表单按钮控制表单的运作。

提交按钮：用来将输入的信息提交到服务器。

代码格式：<input type="submit" name="…" value="…">

属性解释：

- type="submit"定义提交按钮；
- name 属性定义提交按钮的名称；
- value 属性定义按钮的显示文字；

复位按钮：用来重置表单。

代码格式：<input type="reset" name="…" value="…">

属性解释：

- type="reset"定义复位按钮；
- name 属性定义复位按钮的名称；
- value 属性定义按钮的显示文字；

一般按钮：用来控制其他定义了处理脚本的处理工作。

代码格式：<input type="button" name="…" value="…" onClick="…">

属性解释：

- type="button"定义一般按钮；
- name 属性定义一般按钮的名称；
- value 属性定义按钮的显示文字；
- onClick 属性，也可以是其他的事件，通过指定脚本函数来定义按钮的行为。

项目小结

　　本项目讲解了表单的制作，其中包括表单对象的插入及属性设置。表单是由若干个对象组成的，而每个对象又有各自不同的设置，不同的用途，用户要根据实际情况对表单对象进行合理的安排和设置，这样才能使客户与远端服务器互通信息。目前所制作的表单没有与后台数据库相连，所以只是一个页面效果，不能起到它真正的作用。

项目 2　在网页中应用数据库

项目描述

　　在实际制作网页的过程中，用户可能经常需要制作带有后台数据库的动态网页。所谓动态网页，就是指网页中除含有 html 标记以外，还含有脚本代码。这种网页文件的扩展名一般根据程序设计语言的不同而不同。ASP 采用 VBscript 或者 JavaScript 脚本代码，本项目将通过创建数据库和对数据库进行编辑操作，来介绍在 Dreamweaver 中通过服务器行为创建 ASP 应用程序的方法。

项目分析

本项目首先制作一个数据列表,其中包括创建数据库连接、创建记录集、添加动态数据、添加重复区域、记录集分页、显示记录计数等,然后通过页面对数据库中的记录进行添加、更新和删除的操作。因此,本项目可分解为以下任务:

任务 1   使用 Dreamweaver 制作数据列表

任务 2   在数据库中插入、更新和删除记录

项目目标

- 掌握在 Dreamweaver 中连接数据库的基本方法
- 掌握在 Dreamweaver 中对数据库进行的基本操作

任务 1   使用 Dreamweaver 制作数据列表

操作步骤

①打开 Dreamweaver CS3,执行【文件】→【新建】命令,打开【新建文档】对话框,如图 6-17 所示;执行【空白页】→【ASP VBscript】→【无】命令。

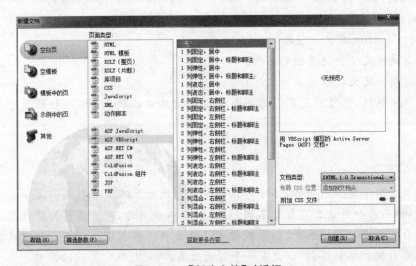

图 6-17   【新建文档】对话框

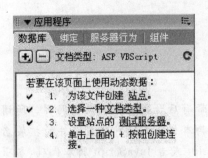

图 6-18   【数据库】面板

②单击【创建】按钮,创建一个空白网页文档,然后将文档保存为"book.asp"。

③执行【窗口】→【数据库】命令,打开【数据库】面板,如图 6-18 所示。

④在【数据库】面板中单击 ➕ 按钮,在弹出的菜单中执行【自定义连接字符串】命令,打开【自定义连接字符串】对话框;在"连接名称"文本框中输入连接名称"conn",在"连接字符串"文本框中输入连接字符串"Provider = Microsoft. Jet. OLEDB. 4. 0;Data Source

="&Server. MapPath("/data/book. mdb")", 选择"使用测试服务器上的驱动程序", 如图 6-19所示。

⑤单击【测试】按钮, 弹出一个显示"成功创建连接脚本"的消息提示框, 说明设置成功。测试成功后, 在【自定义连接字符串】对话框中单击【确定】按钮关闭对话框, 然后在【数据库】面板中展开创建的连接, 会看到数据库中包含的表名及表中的各字段, 如图 6-20 所示。

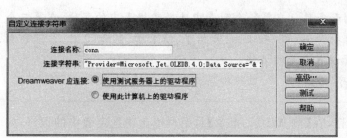

图 6-19 【自定义连接字符串】对话框   图 6-20 展开数据库连接

🕐**贴心·提示**

成功创建数据库连接后, 系统自动在"站点管理器"的文件列表中创建专门用于存放连接字符串的文档"conn. asp"及其文件夹"Connections"。

⑥在【服务器行为】面板中单击➕按钮, 在弹出的菜单中执行【记录集(查询)】命令, 打开【记录集】对话框; 在"名称"文本框中输入"RsBook", 在"连接"下拉列表中选择"conn"选项, 在"表格"下拉列表中选择"mybooks"选项, 在"列"按钮组中选择"全部"单选按钮, 将"排序"设置为按照"date"、"降序"排列, 如图 6-21 所示。

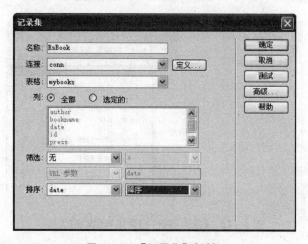

图 6-21 【记录集】对话框

⏰贴心·提示

如果只是用到数据表中的某几个字段,那么最后不要将全部字段都选中,因为字段数越多,应用程序执行起来就越慢。

【记录集】的相关参数包括:

● 【名称】:记录集的名称,同一页面的记录集不能重名。

● 【连接】:列表中显示成功连接的数据库连接,如果没有则要重新定义。

● 【表格】:列表中显示数据库中的数据表。

● 【列】:显示选定数据表中的字段名,默认选择全部的字段,也可按 Ctrl 键来选择特定的某些字段。

● 【筛选】:创建记录集的规则和条件。在第一个列表中选择数据表中的字段;在第二个列表中选择运算符,包括"=、<、>、>=、<=、<>、开始于、结束于、包含"9 种;第三列表用于设置变量的类型;文本框用于设置变量的名称。

● 【排序】:按照某个字段"升序"或者"降序"进行排序。

⑦设置完毕后单击"测试"按钮,在【测试 SQL 指令】对话框中出现选定表中的记录,如图 6-22 所示,说明创建记录集成功。

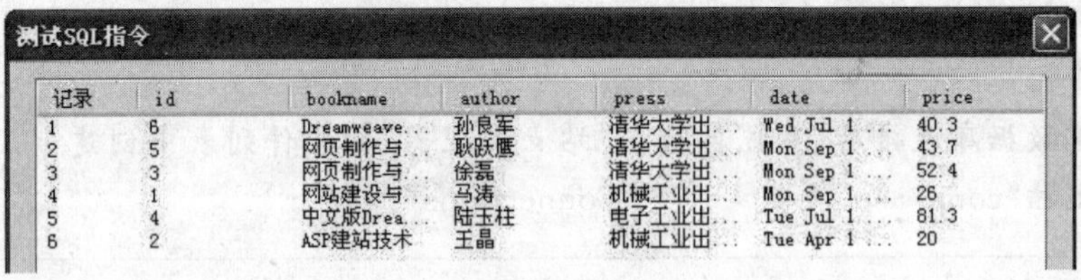

图 6-22 【测试 SQL 指令】对话框

⑧关闭【测试 SQL 指令】对话框,然后在【记录集】对话框中单击"确定"按钮,完成创建记录集的任务。此时在【服务器行为】面板的列表框中添加【记录集(RsBook)】行为,在【绑定】面板中显示了【记录集(RsBook)】记录集及其中的相应字段,如图 6-23 所示。

图 6-23 【服务器行为】面板和【绑定】面板

⑨如果对创建的记录集不满意,可以在【服务器行为】目标值处双击记录集名称,或在其

【属性】面板中单击"编辑"按钮,在打开的【记录集】对话框中对原有设置进行重新编辑,如图 6-24 所示。

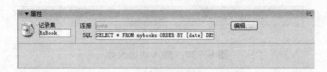

图 6-24　记录集的【属性】面板

❿ 在文档中输入文本"图书信息浏览",然后插入一个 2 行 5 列的表格,设置表格宽度为 600,背景颜色为浅灰色♯999999,填充为 2,间距为 1,如图 6-25 所示。

图 6-25　表格属性设置

⓫ 在【属性】面板中将文本"图书信息浏览"应用"标题 1"格式;将第 1 行前 4 个单元格的宽度分别设置为 150、100、150、100,设置 5 个单元格的背景颜色为"♯CCCCCC";设置第 2 行单元格的背景颜色均为"♯FFFFFF",然后设置表格所有单元格的水平对齐方式均为"居中对齐";在第 1 行单元格中依次输入文本"书名""作者""出版社""出版日期""价格",然后选中第 1 行的所有单元格,在【属性】面板中勾选"标题"复选框,效果如图 6-26 所示。

⓬ 在【CSS 样式】面板中,定义标签"body"的样式:设置文本大小为 12 像素、文本对齐方式为居中,保存在样式文件 css.css 中,如图 6-27 所示。

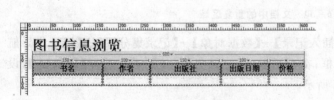

图 6-26　设置单元格属性　　　　　　**图 6-27　定义标签"body"的样式**

⓭ 将光标置于"书名"下面的单元格内,并在【绑定】面板中选择【记录(RsBook)】→【bookname】,单击"插入"按钮,将动态文本插入到单元格中。用相同的方法在其他单元格中插入相应的动态文本,如图 6-28 所示。

⓮ 选择表格的第 2 行,在【服务器行为】面板中单击 ➕ 按钮,在弹出的菜单中执行"重复

图 6－28　插入动态文本

区域"命令,打开【重复区域】对话框;将"记录集"设置为 RsBook,将"显示"设置为 5,如图 6－29 所示。

图 6－29　【重复区域】对话框

🕐**贴心提示**

　　在【重复区域】对话框中,"记录集"下拉列表中将显示在当前网页文档中已定义的记录集名称。如果定义了多个记录集,这里将显示多个记录集的名称;如果只有 1 个记录集,就不用特意进行选择。在"显示"选项组中,可以在文本框中输入数字定义每页要显示的记录数,也可以选择显示所有记录。

⑮单击"确定"按钮,所选择的数据行被定义为重复区域,如图 6－30 所示。

图 6－30　文档中的重复区域

⑯将光标置于表格下面,执行【插入记录】→【数据对象】→【记录集分页】→【记录集导航条】命令,打开【记录集导航条】对话框;在对话框的【记录集】下拉列表中选择【RsBook】,设置【显示方式】为"文本",如图 6－31 所示。

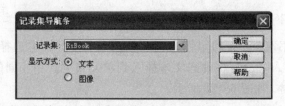

图 6－31　【记录集导航条】对话框

⏰**贴心·提示**

在【记录集导航条】对话框中,【记录集】下拉列表中将显示在当前网页文档中也定义的记录集名称。如果定义了多个记录集,这里将显示多个记录集名称;如果只有 1 个记录集,就不用特意去选择。在【显示方式】选择组中,如果选择【文本】单选按钮,则会添加文字用作翻页指示;如果选择【图像】单选按钮,则会自动添加 4 幅图像用作翻页指示。

⑰单击"确定"按钮,在文档中插入的记录集导航条如图 6 – 32 所示。

图 6 – 32 插入的记录集导航条

⑱在文本"图书信息浏览"的下面插入一个 1 行 1 列的表格,如图 6 – 33 所示。

图 6 – 33 插入一个 1 行 1 列的表格

⑲将光标置于刚插入的表格单元格内,设置其水平对齐方式为"左对齐";执行【插入记录】→【数据对象】→【显示记录计数】→【记录集导航状态】命令,打开记录集导航状态对话框,在"Recordset"下拉列表中选择记录集,如"RsBook",如图 6 – 34 所示。

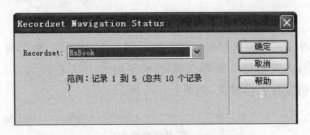

图 6 – 34 记录集导航状态对话框

⑳单击"确定"按钮,插入记录集导航状态文本,如图 6 – 35 所示

图 6 – 35 记录集导航状态文本

㉑保存文档并在浏览器中预览,效果如图 6 – 36 所示。

图书信息浏览

Records 1 to 5 of 6

书名	作者	出版社	出版日期	价格
Dreamweaver CS3网页设计案例教程	孙良军	清华大学出版社	2009-7-1	40.3
网页制作与网站开发从入门到精通	耿跃鹰	清华大学出版社	2008-9-1	43.7
网页制作与网站建设技术大全	徐磊	清华大学出版社	2008-9-1	52.4
网站建设与管理	马涛	机械工业出版社	2008-9-1	26
中文版Dreamweaver CS3网页制作宝典	陆玉柱	电子工业出版社	2008-7-1	81.3

Next Last

图 6-36 浏览效果

任务 2 在数据库中插入、更新和删除记录

操作步骤

①创建一个名为"insert. asp"的 ASP VBScript 网页文档,并附加样式表文件"css. css";在文档中输入文本"图书信息添加",并通过【属性】面板应用"标题 1"格式;执行【插入记录】→【表单】→【表单】命令,在文本下面插入一个表单;在表单中插入一个 6 行 2 列的表格,在【属性】面板设置表格宽为 600 像素,背景色为浅灰♯CCCCCC,如图 6-37 所示。

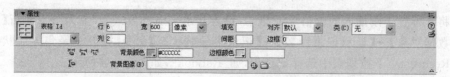

图 6-37 设置表格属性

②将表格第 1 列单元格的宽度和高度分别设置为 150 和 25,水平对齐方式为右对齐,背景颜色为♯FFFFFF;将表格第 2 列单元格的水平对齐方式设置为左对齐,背景颜色为♯FFFFFF,最后输入相应的表单对象,如图 6-38 所示。

图 6-38 插入表格并输入文本

③按照表 6-1 所示,在表格第 2 列依次插入表单对象,如图 6-39 所示。

表 6-1　数据库结构

说明文字	名称	字符宽度或动作	初始值或值
书名	bookname	40	无
作者	author	30	无
出版社	press	30	出版社
出版日期	date	20	无
价格	price	20	无
提交按钮	Submit	提交表单	提交
重置按钮	Cancel	重设表单	重置

图 6-39　插入表单对象

④在【服务器行为】面板中单击 ➕ 按钮,在弹出的下拉菜单中选择【插入记录】命令,打开【插入记录】对话框,如图 6-40 所示。

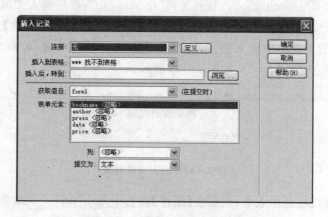

图 6-40　【插入记录】对话框

⑤在"连接"下拉列表中选择已创建的数据库连接"conn";在"插入到表格"下拉列表中选择数据表"mybooks";在"插入后,转到"文本框中定义插入记录后要转到的页面,此处仍为"insert. asp";在"获取值自"下拉列表中选择表单的名称"form1";在"表单元素"下拉列表中选择相应的选项;在"列"下拉列表中选择数据表中与之相对应的字段名;在"提交为"下拉列表中选择该表单元素的数据类型。如果表单元素的名称与数据库中的字段名称是一致的,这里将自动对应,不需设置,如图 6-41 所示。

209

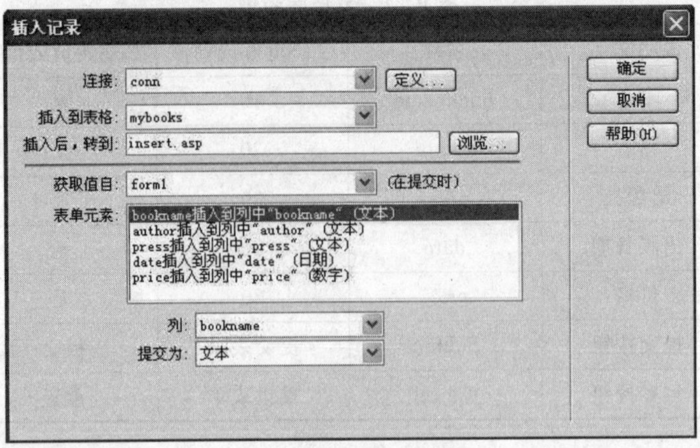

图 6-41　设置参数

❻单击"确定"按钮,完成向数据表中添加记录的设置,如图 6-42 所示。

图 6-42　"插入记录"服务器行为设置

❼创建 3 个 ASP VBScript 空白网页文档,并附加样式表文件"css. css",分别保存为 "search. asp""result. asp""update. asp"。

❽先设置搜索页"search. asp"。打开文档"search. asp",然后输入文本"图书信息检索", 并通过【属性】面板应用"标题 1"格式;执行【插入记录】→【表单】→【表单】命令,在文本下面 输入一个表单,然后在表单中输入提示性文本,并插入一个文本域(名称为"bookname")和 一个提交按钮(名称为"Submit"),如图 6-43 所示。

图书信息检索

请输入书名关键字:　　　　　　　　开始搜索

图 6-43　插入表单对象

❾单击红色虚线框选中表单,然后在【属性】面板中单击"动作"文本框后面的 🗀 按钮, 打开【选择文件】对话框,在文件列表中选择查询结果文件"result. asp",如图 6-44 所示;保 存文档。

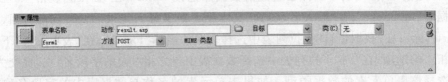

图 6-44　插入【动作】选项

⑩打开文档"result.asp",然后输入文本"图书信息检索结果",并通过【属性】面板应用"标题1"格式;在【服务器行为】面板中单击▪️▪️按钮,在弹出的菜单中执行【记录集】命令,打开【记录集】对话框;在"名称"文本框中输入"RsBookResult";在"连接"下拉列表中选择【conn】选项;在"表格"下拉列表中选择"mybooks"选项;在"列"选项组中选择"选定的"单选按钮,然后按住 Ctrl 键不放,在列表框中依次选择"author""bookname""id";在"筛选"的前 3 个下拉列表中依次选择"bookname""包含""表单变量";在文本框中输入"bookname",如图 6-45 所示。

⑪单击"确定"按钮,完成创建记录集的任务。此时在【服务器行为】面板的列表框中添加了【记录集(RsBookResult)】行为。将光标置于文本"图书信息检索结果"的后面,执行【插入记录】→【数据对象】→【动态数据】→【动态表格】命令,打开【动态表格】对话框并进行参数设置,如图 6-46 所示。

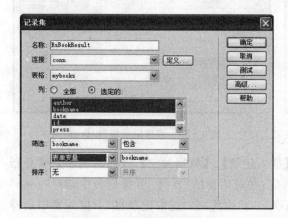

图 6-45　【记录集】对话框

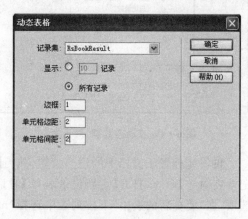

图 6-46　【动态表格】对话框

⑫单击"确定"按钮,则在页面中插入动态表格,如图 6-47 所示。

图 6-47　插入动态表格

⑬将单元格中的字段名改为中文,并调整顺序;在文本"作者"所在列的后面再插入 2 列,并将第 1 行中的 2 个单元格进行合并,然后输入相应的文本,如图 6-48 所示。

图 6-48　修改结果

⑭选中文本"修改记录",在【属性】面板中单击"链接"后面的📁按钮,打开【选择文件】对话框,在文件列表中选中文件"update.asp";单击"URL:"后面的"参数…"按钮,打开【参

数】对话框,在"名称"文本框中输入"id";单击"值"文本框右侧的 按钮,打开【动态数据】对话框,选中"RsBookResult"记录集中的"id"选项,如图 6-49 所示,然后单击"确定"按钮,返回【参数】对话框;在【参数】对话框中,单击"确定",返回【选择文件】对话框;单击"确定"按钮加以确认。

⑮打开文档"update.asp",输入文本"图书信息修改",并通过【属性】面板应用"标题 1"格式;创建图书信息记录集"RsBook",如图 6-50 所示。

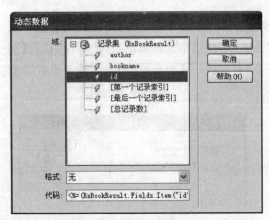

图 6-49 【动态数据】对话框

图 6-50 创建记录集"RsBook"

⑯将光标置于文档中的适当位置,执行【插入记录】→【数据对象】→【更新记录】→【更新记录表向导】命令,打开【更新记录表单】对话框;在对话框的"连接"下拉列表中选择"conn"选项;在"要更新的表格"下拉列表中选择"mybooks"选项;在"选取记录自"下拉列表中选择"RsBook"选项;在"唯一键列"下拉列表中选择"id"选项;在"表单字段"列表框中将"id"字段删除,同时调整字段的顺序,如图 6-51 所示。

图 6-51 【更新记录表单】对话框

⑰单击"确定"按钮,则在页面中添加了表单和服务器行为,如图 6－52 所示。

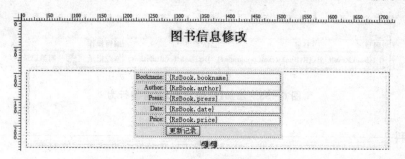

图 6－52　更新记录页面

最后将表格第 1 列中的字段名修改为中文说明文字即可。

🕐 **贴心·提示**

在制作更新记录页面时,也可以自己添加表格和表单,然后根据传送参数创建记录集,并在单元格中插入动态数据(这里主要是动态文本域),最后添加更新记录服务器行为。在动态数据中,还有动态复选框、动态单选按钮、动态选择列表,其用法是相似的。

⑱打开网页文档"result．asp",将文本"删除记录"所在单元格拆分成 2 个单元格,并将文本"删除记录"移至后一个单元格;在前一个空白单元格中插入一个表单,然后在表单区域中添加一个按钮,如图 6－53 所示。

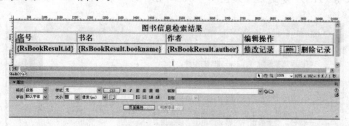

图 6－53　添加表单

⑲在【服务器行为】面板中单击按钮,在弹出的菜单中执行"删除记录"命令;在弹出的【删除记录】对话框中,在"连接"下拉列表中选择"conn"选项;在【从表格中删除】下拉列表中选择"mybooks"选项;在"选取记录自"下拉列表中选择"RsBookResult"选项;在"唯一键列"下拉列表中选择"id"选项;在"提交此表单以删除"下拉列表中选择"form1"选项,如图 6－54 所示。

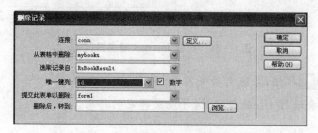

图 6－54　【删除记录】对话框

❷⓿单击"确定"按钮,添加【删除记录】服务器行为,如图 6 - 55 所示。

图 6 - 55　添加【删除记录】服务器行为

知识百科

1. IIS 的安装与设置

IIS(Internet Information Server,互联网信息服务)是一种 Web(网页)服务组件,其中包括 Web 服务器、FTP 服务器、NNTP 服务器和 SMTP 服务器,分别用于网页浏览、文件传输、新闻服务和邮件发送等方面,它使得在网络(包括互联网和局域网)上发布信息成了一件很容易的事。

IIS 意味着你能发布网页,并且由 ASP(Active Server Pages)、Java、VBscript 产生页面。IIS 的安装步骤如下:

①将 Windows 安装光盘放入光驱中。

②在【控制面板】窗口中选择"添加或删除程序"选项,打开【添加或删除程序】对话框;单击左侧栏中的"添加/删除 Windows 组件(A)"选项,进入【Windows 组件向导】对话框;勾选"Internet 信息服务(IIS)"复选框,如图 6 - 56 所示

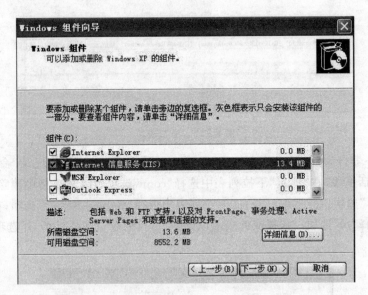

图 6 - 56　安装 Internet 服务器(IIS)

③单击 下一步(N) 按钮,系统自动安装 IIS 组件。

安装完后还需要进行 IIS 服务配置,才能发挥它的作用。

2. IIS 的配置

①在【控制面板】的"管理工具"类别中双击"Internet 信息服务"选项,打开【Internet 信

息服务】窗口,如图 6－57 所示。

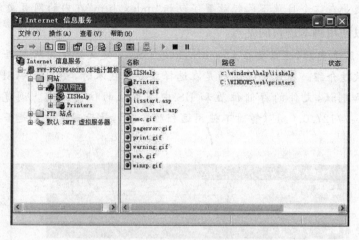

图 6－57　【Internet 信息服务】对话框

②选择"默认网站"选项,单击鼠标右键,在弹出的快捷菜单中选择"属性"命令,打开【默认网站 属性】对话框;切换到"网站"选项卡,在"IP 地址"列表框中输入本机的 IP 地址,如图 6－58 所示

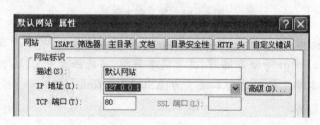

图 6－58　设置 IP 地址

③切换到"主目录"选项卡,在"本地路径"文本框中输入(或单击"浏览"按钮来选择)网页所在的目录,如"C:\mysite",如图 6－59 所示。

④切换到"文档"选项卡,单击"添加"按钮,打开【添加默认文档】对话框;在【默认文档名】文本框中输入首页文件名"index. htm",如图 6－60 所示,单击"确定"按钮关闭该对话框。

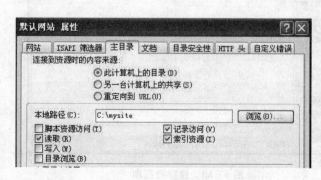

图 6－59　设置主目录

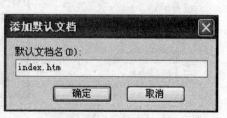

图 6－60　设置首页文件

⑤配置完 IIS 服务后,打开 IE 浏览器,在地址栏里输入 IP 地址后回车,就可以打开网站的首页了。前提是在这个目录下已经放置了包括"index.htm"在内的网页文件。

3.定义可以使用脚本语言的站点

配置好 IIS 服务器后,还需要在 Dreamweaver CS3 中定义好使用脚本语言的站点,此部分已经在前面做过介绍。在这里强调的是在选择服务器技术时,要选择"ASP VBScript",在本地进行编辑和测试,文件的存储位置和 IIS 中主目录的位置一致。浏览站点根目录的 URL 仍为"http://127.0.0.1"(暂时不使用远程服务器),最后测试设置是否成功。如图 6-61 所示

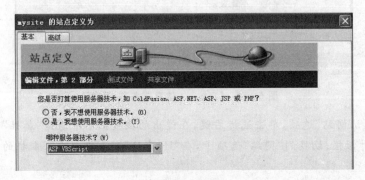

图 6-61　定义脚本语言

ASP(Active Server Pages)是由 Microsoft 公司推出的专业 Web 开发语言。ASP 可以使用 VBScript、JavaScript 等语言编写,具有简单易学、功能强大等优点,因此受到广大 Web 开发人员的青睐。本单元使用的脚本语言为 ASP VBScript。

4.创建后台数据库

①启动 Access 2003,执行【文件】→【新建】命令,转到【新建文件】面板,如图 6-62 所示。

②单击【空数据库】选项,打开【空数据库】对话框,设置文件的保存位置和文件名,这里保存在站点的"data"文件夹下,如图 6-63 所示。

图 6-62　【新建文件】面板

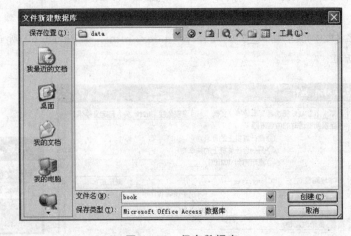

图 6-63　保存数据库

③单击"创建"按钮,创建一个名字为"book"的数据库文件,窗口中同时出现了一个相应

216

的数据库设计窗口,如图 6－64 所示。

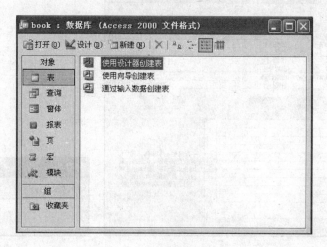

图 6－64　数据库设计窗口

④双击【使用设计器创建表】选项,打开表设计器窗口;在第 1 行的"字段名称"下面输入
"id";在"数据类型"下拉列表中选择"自动编号"选项;在"说明"下面输入对这个字段的说明
信息;在"常规"选项卡的"索引"下拉列表中选择"有(无重复)"选项,如图 6－65 所示。

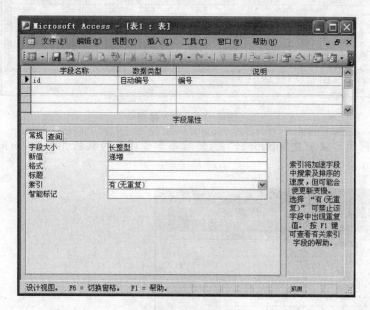

图 6－65　创建字段"id"

⑤运用相同的方法在表中添加其他字段,如图 6－66 所示。

⑥在第 1 行单击鼠标右键,在弹出的快捷菜单中选择"主键"命令,将该字段设置为数据
表的主键。

⑦执行【文件】→【保存】命令,打开【另存为】对话框;在"表名称"文本框中输入表的名
称,如图 6－67 所示;单击"确定"按钮进行保存。

⑧打开数据表"mybooks",然后在其中添加记录并保存,如图 6－68 所示。

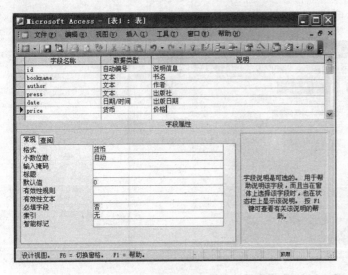

图 6－66　设置其他字段

图 6－67　【另存为】对话框

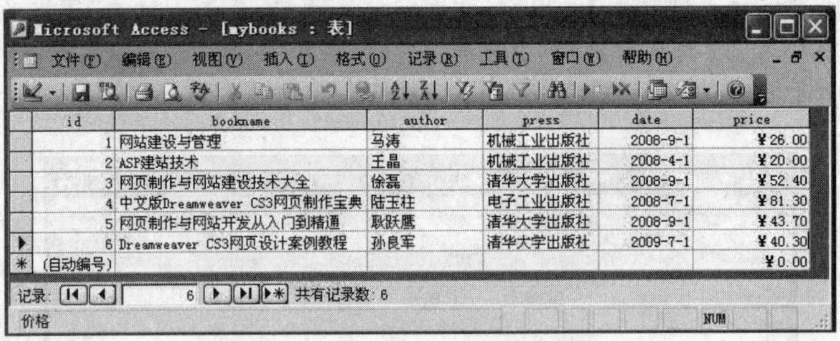

图 6－68　输入数据

⑨运用相同的方法创建"optioner"表，然后添加管理员的数据并保存，如图 6－69 所示，效果如图 6－70 所示。

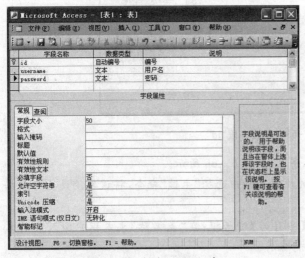

图 6－69　创建 optioner 表

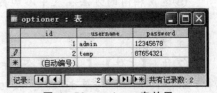

图 6－70　optioner 表效果

这里创建的数据库"book.mdb"包括 mybooks 和 optioner 两个数据表。这些数据表的创建都是与应用程序的实际需要密切相关的,其中"mybooks"表用来保存书目信息,"optioner"表用来保存管理员信息。

项目小结

通过本项目的学习,了解了 Dreamweaver CS3 与数据库是如何连接的,用户怎么通过 Dreamweaver 中的组件来对数据库进行添加、更新和删除。用户以后在创建网站时,不但可以做出一个漂亮的网页,还可以利用数据库功能,使设计的网站能够不停地除旧纳新,以满足客户的需要。

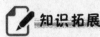 **知识拓展**

ASP 简介

ASP 是 Active Server Page 的缩写,意为"动态服务器页面"。ASP 是微软公司开发的代替 CGI 脚本程序的一种应用,它可以与数据库和其他程序进行交互,是一种简单、方便的编程工具。ASP 的网页文件的格式是.asp,现在常用于各种动态网站中。

ASP 是一种服务器端脚本编写环境,可以用来创建和运行动态网页或 Web 应用程序。ASP 网页可以包含 HTML 标记、普通文本、脚本命令以及 COM 组件等。利用 ASP 可以向网页中添加交互式内容(如在线表单),也可以创建使用 HTML 网页作为用户界面的 Web 应用程序。与 HTML 相比,ASP 网页具有以下特点:

(1) 利用 ASP 可以实现突破静态网页的一些功能限制,实现动态网页技术。

(2) ASP 文件是包含在 HTML 代码所组成的文件中的,易于修改和测试。

(3) 服务器上的 ASP 解释程序会在服务器端执行 ASP 程序,并将结果以 HTML 格式传送到客户端浏览器上,因此,使用各种浏览器都可以正常浏览 ASP 所产生的网页。

(4) ASP 提供了一些内置对象,使用这些对象可以使服务器端脚本功能更强。例如,可以从 Web 浏览器中获取用户通过 HTML 表单提交的信息,并在脚本中对这些信息进行处理,然后向 Web 浏览器发送信息。

(5) ASP 可以使用服务器端 ActiveX 组件来执行各种各样的任务,例如存取数据库、发送 E-mail 或访问文件系统等。

(6) 由于服务器是将 ASP 程序执行的结果以 HTML 格式传回客户端浏览器的,因此,使用者不会看到 ASP 所编写的原始程序代码,可防止 ASP 程序代码被窃取。

(7) 方便连接 Access 与 SQL 数据库。

(8) 开发需要有丰富的经验,否则会留出漏洞,让黑客利用进行注入攻击。

ASP 也不仅仅局限于与 HTML 结合制作 Web 网站,而且还可以与 XHTML 和 WML 语言结合制作 WAP 手机网站。其原理是一样的。

单元小结

本单元共完成 2 个项目,学完后应该有以下收获:

（1）了解表单的组成。

（2）掌握运用表单各组件的方法。

（3）了解 Dreamweaver 与数据库的连接方法。

（4）掌握数据库在 Dreamweaver 中的应用。

实训与练习

1. 实训题

（1）使用表单各组件，制作一个注册用户的页面，其中包括用户名、密码、性别、年龄、邮箱、地址、行业、爱好、简介等项目。

（2）创建一个 Access 表，包括上面的项目，并用 Dreamweaver 与其连接，生成对其进行添加、更新和删除的页面。

2. 练习题

（1）填空题

①_____是由 Microsoft 公司推出的专业的 Web 开发语言，可以使用 VBScript、JavaScript 等语言编写。

②成功创建连接后，系统自动在"站点管理器"的文件列表中创建专门用于存放连接字符串的文档"conn. asp"及其文件夹_____。

③记录集负责从数据库中按照预先设置的规则取出数据，而要将数据插入到文档中，就需要通过_____的形式，其中最常用的是动态文本。

④记录集导航条并不具有完整的分页功能，还必须为动态数据添加_____才能构成完整的分页功能。

⑤Dreamweaver CS3 中，如果要使用动态网页功能，首先要配置 IIS 和建立_____。

（2）选择题

①下面文件中属于动态网页的是（　　　）。

A. index. asp　　　　B. example. htm　　　　C. index. html　　　　D. example. html

②下列不属于表单组件的是（　　　）。

A. 文本域　　　　B. 按钮　　　　C. 背景图片　　　　D. 单选框

③表单中能够同时选择多个选项的是（　　　）。

A. 图片域　　　　B. 单选框　　　　C. 按钮　　　　D. 复选框

④ASP 支持的语言有（　　　）。

A. Basic　　　　B. Delphi　　　　C. JavaScript　　　　D. Pascal

⑤Dreamweaver 与数据库连接的"自定义字符串"在（　　　）面板中。

A. CSS　　　　B. 应用程序　　　　C. 标签查看器　　　　D. 文件

第7单元

网站的发布和维护

第**7**单元

　　本单元通过登录主页空间和域名服务网站，学习免费主页空间和域名的申请;通过实例操作,掌握网站上传和发布的方法;通过进一步的理论学习和比较,了解网站宣传推广的方式,掌握网站的维护和更新方法。

　　本单元由以下 2 个项目组成:

　　项目 1　网站的上传和发布
　　项目 2　网站的维护和更新

项目1　网站的上传和发布

项目描述

　　网页制作完成后,就要进行发布上传。上传前要先申请空间和域名,这样才能让别人访问自己的网站。域名和空间申请后,就可以将网站上传到服务器,如果采取主机托管,可以直接把网站内容复制到服务器上发布;如果采用虚拟主机,服务商会提供上传服务器地址、管理员姓名、密码等,然后用相应的上传软件发布网站就可以了。

　　因为每天都有很多新站点发布,所以要想让自己的网站脱颖而出,必须努力宣传自己,否则可能就很少有人访问。在推广之前,要确保自己的网站内容丰富、准确、及时,网站设计具有专业水准,然后再进行推广。

项目分析

　　本项目的完成,首先通过登录空间域名免费网站,了解网站的空间和域名的申请流程,申请免费网站空间;然后通过设置远程站点、上传和下载文件,掌握站点的上传和发布。本项目可分解为以下任务:

任务1　申请主页空间和域名

任务2　设置远程站点、上传或下载文件

项目目标

● 掌握主页空间和域名的申请方法
● 掌握远程站点的设置方法
● 学会网站文件的上传和下载

任务1　申请网站空间和域名

操作步骤

①打开 IE 浏览器,在地址栏输入 http://mf.8u.cn/,登录中国 8U 网首页,如图 7-1 所示。

②单击页面内"注册"按钮,打开注册页面,按要求输入如图 7-2 所示的各必填项信息。

③单击【注册】按钮,弹出注册成功信息框,如图 7-3 所示。

④单击【返回】按钮,弹出

图 7-1　中国 8U 网首页

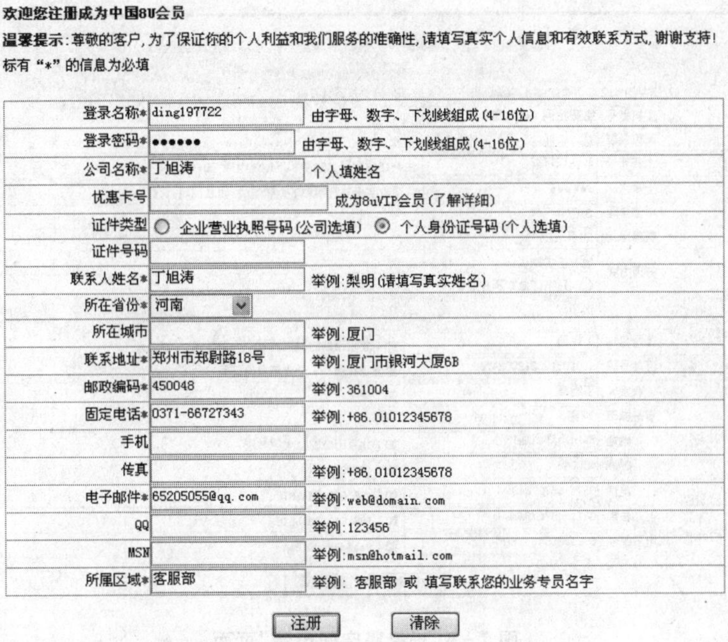

欢迎您注册成为中国8U会员

温馨提示：尊敬的客户，为了保证你的个人利益和我们服务的准确性，请填写真实个人信息和有效联系方式，谢谢支持！

标有"*"的信息为必填

登录名称*	ding197722	由字母、数字、下划线组成(4-16位)
登录密码*	●●●●●●	由字母、数字、下划线组成(4-16位)
公司名称*	丁旭涛	个人填姓名
优惠卡号		成为8uVIP会员(了解详细)
证件类型	○ 企业营业执照号码(公司选填) ◉ 个人身份证号码(个人选填)	
证件号码		
联系人姓名*	丁旭涛	举例:梨明(请填写真实姓名)
所在省份*	河南 ▼	
所在城市		举例:厦门
联系地址*	郑州市郑蔚路18号	举例:厦门市银河大厦6B
邮政编码*	450048	举例: 361004
固定电话*	0371-66727343	举例:+86. 01012345678
手机		
传真		举例:+86. 01012345678
电子邮件*	65205055@qq.com	举例:web@domain.com
QQ		举例:123456
MSN		举例:msn@hotmail.com
所属区域*	客服部	举例: 客服部 或 填写联系您的业务专员名字

注册　　清除

图 7-2　在注册页输入注册信息

"会员登录"提示框，如图 7-4 所示。单击【退出系统】按钮。

欢迎您注册成为的会员用户！

您的登录帐号及密码已经发往您的信箱，以备查用(发送失败)。
如果您不能收到本站的邮件，请查看信箱 是否正常。
如果该问题仍然持续请与我们联系。

最后，感谢您对本站的支持，希望本站的服务能给您带来满意！

返回

图 7-3　注册成功页面

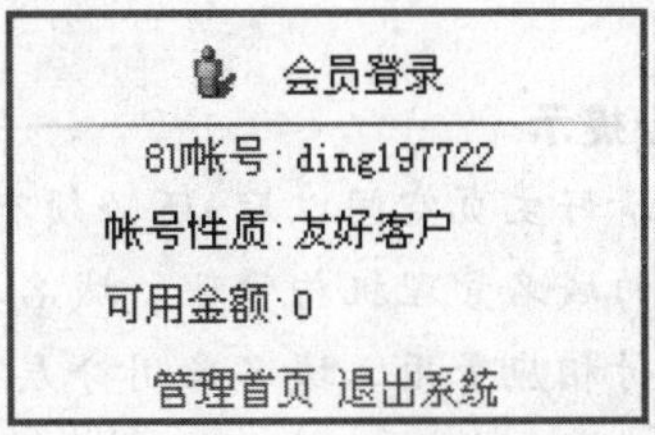

会员登录

8U帐号:ding197722

帐号性质:友好客户

可用金额:0

管理首页 退出系统

图 7-4　【会员登录】提示框

⑤执行【免费空间】→【开通免费空间】→【开通】命令，弹出"免费空间申请"页面，根据要求，填写相关内容，如图 7-5 所示。

⑥单击【立即申请】按钮，提交申请，弹出免费空间情况页面，如图 7-6 所示，说明已经成功开通免费空间。

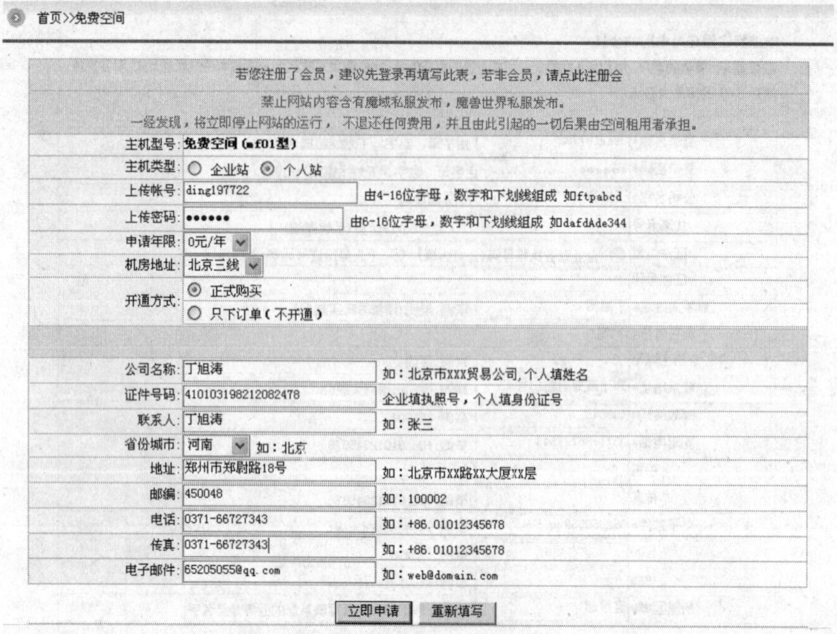

图 7-5 "免费空间申请"页面

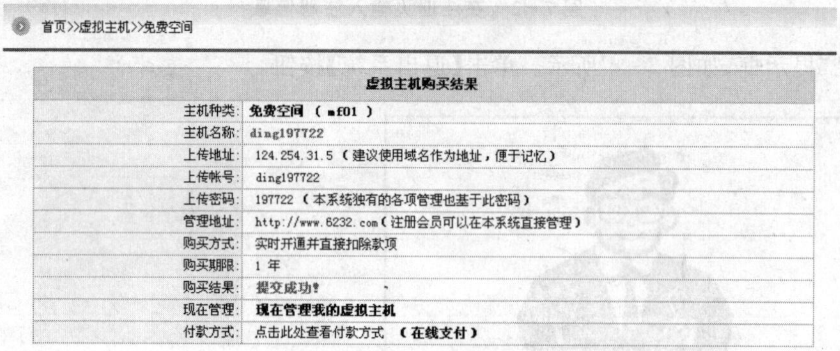

图 7-6 免费空间情况页面

⏰**贴心·提示**

申请好主页空间以后,还必须有相应的域名才能访问网页。域名相当于网站的姓名,它由相应的域名管理机构管理。域名具有唯一性,申请并使用一个域名,必须定期向域名管理机构支付相应费用。域名采用分层管理,譬如 www.sohu.com.cn 中,顶级域名是"cn",次级域名为"com",三级域名为"sohu"。

📶 **任务 2 设置远程站点、上传或下载文件**

操作步骤

①在 Dreamweaver 中发布站点需先配置远程站点。执行【站点】→【管理站点】命令,打

开【管理站点】对话框,选择要发布的站点名称,单击【编辑】按钮。

②在打开的【站点定义为】对话框中单击"高级"选项卡,在"分类"列表框中选择"远程信息"选项;在"访问"下拉列表框中选择"FTP"选项;在"FTP 主机"文本框中输入 FTP 服务器的 IP 地址;在"登录"和"密码"文本框中输入 FTP 用户名及密码,如图 7 - 7 所示;单击【确定】按钮。

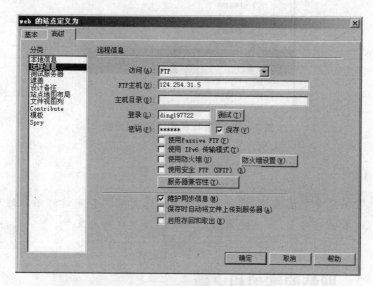

图 7 - 7　【站点定义为】对话框

③在【文件】面板中,选择站点根文件夹或要上传的一个或多个文件,如图 7 - 8 所示;单击"上传文件"按钮 ⬆,弹出"你确定要上传整个站点吗?"信息框,单击【确定】按钮开始上传整站文件。

④上传文件的过程中会弹出如图 7-9 所示的对话框,显示上传的进度。

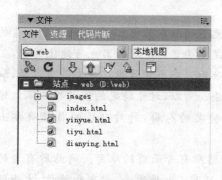

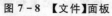

图 7 - 8　【文件】面板　　　　　　　图 7 - 9　【后台文件活动】对话框

⑤上传完毕,在"远程视图"【文件】面板中选择要下载的一个或多个文件或文件夹,如图 7 - 10 所示,单击"获取文件"按钮 ⬇,则开始下载文件。

⑥上传完毕后,打开浏览器,在地址栏内输入上传网站的域名,就可以打开上传的网站进行浏览等操作。

图 7-10 "远程视图"【文件】面板

项目小结

　　通过登录空间免费申请网站,学会了如何申请免费空间和申请域名。通过实例操作,还掌握了如何设置远程站点,如何发布网站以及如何下载网站文件。

项目 2　网站的维护和更新

项目描述

　　无论哪个网站,都必须经常宣传和推广,这样才能不断地吸引更多的访问客户。除此之外,还需要不断地维护和更新,才能具有生命力、吸引回头客,真正提高网站的知名度。

项目分析

　　对于一个盈利性的网站,推广它的目的是要吸引更多的潜在目标客户,如果做了大量的工作,花了大量的人力、物力和时间,可能网站的流量是上去了,alexa 排名也可能上升了,但如果销售量没有上升的话,这个推广方案终究还是失败的。一个宣传推广方案是否成功,取决于它是否有成效,而不是它里面有诸多的新奇的想法。所以,对于特定的网站推广不能像一般的网站推广那样泛泛而谈,一切行动都要针对特定的人群,针对自己的目标群体去开展。

　　网站一旦建成,网站的维护与更新就成了摆在网站所有者面前的难题。网站所有者的情况在不断地变化,网站的内容也需要随之调整,网站只有不断地更新、管理和维护,才能留住已有的访客并且吸引新的访客。

　　一个网站,只有不断更新才会有生命力。人们上网无非是要获取所需,只有不断地提供人们所需要的内容,才能有吸引力。真正想提高网站的知名度和有价值的访问量,只有靠回头客。网站应当经常有吸引人的有价值的内容,才能够让人经常访问。总之,一个不断更新的网站才会有长远的发展,才会带来真正的效益。因此,本项目分为以下任务:

　　任务 1　网站的宣传和推广

任务 2　网站的维护和更新

项目目标

● 了解网站宣传和推广的各种方式

● 掌握网站的维护和更新

任务 1　网站的宣传和推广

操作步骤

①登录流量最大的几个社区,譬如:天涯论坛:http://www.tianya.cn/,如图 7-11 所示。另外,还有大旗网:http://www.daqi.com/,奇虎:http://www.qihoo.com/和网易社区:http://club.163.com/。

图 7-11　"天涯论坛"首页

②在社区里面发帖子,帖子中包含自己网站的链接,如图 7-12 所示。

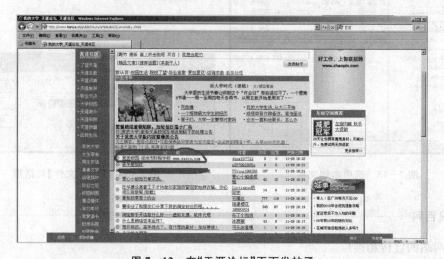

图 7-12　在"天涯论坛"页面发帖子

贴心提示

在做"社区"推广时应注意以下几点：

● 不要在社区中发纯广告的信息，那样只会让人觉得反感，反而降低了自己的可信度。

● 最好留下 QQ 号码之类的联系方式，以便建立与网友的联系。另外也可以加到自己的 QQ 群里。

● 可以把自己网站上有价值的咨讯新闻发到别的社区里，最好是原创的，然后在新闻结尾或者开头处注明文章出处，也就是自己网站里那个新闻的地址。或者写一句：要想看更多相关资讯请看这里（自己网站的网址）。例如"如何购买一副称心如意的眼镜"之类的文章。

任务 2 网站的维护和更新

操作步骤

①静态网站文件的更新。打开 Dreamweaver CS3，载入站点，增加或修改网页内容，保存修改。

②在【文件】面板中单击"展开以显示本地和远程站点"按钮。

③执行【编辑】→【选择较新的本地文件】命令，在本地站点文件列表中将自动选中较新的本地文件，如图 7-13 所示。

④选中较新的和需进行同步的文件或文件夹，执行【站点】→【同步】命令，弹出【同步文件】对话框。

⑤在【同步文件】对话框中，设置"同步"为"仅选中的远端文件"，"方向"为"从远程获得较新的文件"，如图 7-14 所示；单击【预览】按钮，打开【同步】对话框，显示同步的情况。

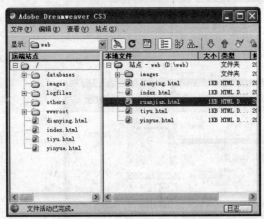

图 7-13 选中本地文件

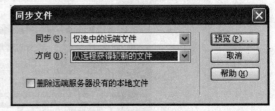

图 7-14 【同步文件】对话框

知识百科

1. 网站的宣传和推广

网站的宣传和推广主要有在线推广和离线推广两种方式。

1) 在线推广网站

主要有以下几种方式:

(1) 直接向搜索引擎注册推广网站。在网络营销中,应该重视搜索引擎的作用,网站正式发布后应尽快提交到主要的搜索引擎,并关注网站是否被搜索引擎注册或登录,是否在相关关键字搜索时获得比较靠前的排名位置。

(2) 通过代理网站推广网站。可使用的推广网站很多,如"中国万网"可以提供一些套餐,使网站可以在多个主流网站中被推广。

(3) 通过电子邮件推广网站。具有针对性强、费用低廉的特点,且广告内容不受限制,但最大的问题是很多网民会认为广告邮件是垃圾邮件,从而直接删除。电子邮件促销一般有利用软件进行邮件群发和对个人进行单独发送邮件两种方法。

(4) 通过 BBS 推广网站。电子公告板广告(BBS)也称论坛,是一种以文本为主的网上讨论组织,它以文字的形式,通过网络聊天、发表文章、阅读等形式进行。BBS 信息发布方式有 3 种:

● 在某个组中单独挑起一个话题。

● 选中一个话题,巧妙地插入。

● 选择某个组的适当位置,单纯地粘贴广告。

(5) 通过博客群推广网站。博客(Blog)本质上是一种个人日志,但比以往个人网站更容易建立和维护,也符合 RSS 聚合方面的要求。博客群也称圈子,目前发展速度很快。利用博客群,可以将自己的网站在网上快速传播以扩大其影响力。因为博客群本身就是某个领域的博客的集合,所以容易将你的网站发布到合适的博客群中。

(6) 通过掘客网站推广网站。掘客(Digg)是指由网民自己发掘、上传信息并对信息投票,从而通过用户的关注程度决定信息排名的网站和使用者。掘客把这个新闻筛选的权利交给了网民,由网民民主投票来决定网站首页应该显示哪些新闻。掘客的特点比较适合信息挖掘与共享、志同道合者间的交流、信息推广、网上信息收藏与 RSS 订阅。

(7) 通过在线广告推广网站。网络广告是以付费方式在其他网站上发布广告的一种信息传播活动。当浏览者有意或无意单击它时,这些图标会引导单击者进入一个新的信息天地,这样就达到了宣传网址或发布广告信息的目的。在线广告的作用主要是起到告知、说服、接收反馈、创造需求,使销售稳定或增长稳定销售的功效。通过在线广告推广应做好以下工作:

● 确定网络广告目标。

● 确定网络广告预算。

● 广告信息决策。

(8) 通过网络分类信息推广网站。网络分类信息是一种全新的网络信息服务形式,它聚合了海量个人信息和大量商家信息,为网民提供实用、丰富、真实的消费和商务信息资源,满足企事业单位和商户在互联网上发布各类产品和服务的需求。分类信息主要由发布信息、查找信息、信息反馈等功能组成。

2) 离线推广网站

(1) 通过广播、电视推广网站。

(2) 通过报纸、杂志推广网站。

（3）通过办公用品推广网站。

（4）通过户外媒体推广网站。

2. 网站的维护和更新

静态页面的添加、修改和更新需要使用专业的网页设计工具进行修改，然后将修改后的网页通过 FTP 上传到相应的位置，同时还要保证不能破坏其他的页面程序。

当然，现在都是用 ASP、PHP 等动态网站，更新时只要到管理后台去修改或是添加即可，方便许多。网站维护需要经常进行添加、修改、删除、备份等操作。

单 元 小 结

本单元共完成两个项目，学完后应有以下收获：

（1）掌握设置远程站点的方法。

（2）掌握网站的上传和发布方法。

（3）掌握网站文件的下载方法。

（4）了解网站宣传推广的方法。

（5）掌握网站的维护和更新方法。

实训与练习

1. 实训题

（1）在 IE 浏览器中输入网址 http://mf.8u.cn/，登录中国 8U 网，为自己的网站申请一个免费的主页空间。

（2）首先对制作完成的站点进行一些本地测试，然后在 Dreamweaver 中配置站点的远程信息，最后将整个站点发布到申请的主页空间中。

2. 练习题

（1）网站做好以后需发布上传，上传前要先申请_____和域名。

（2）域名相当于网站的姓名，它由相应的域名管理机构管理，域名具有_____性。

（3）网站建设好以后，必须要发布到_____上，才能正常地显示和被访问者浏览。

（4）电子公告板广告（BBS）也称_____，是一种以文本为主的网上讨论组织。

3. 选择题

（1）下面关于站点的上传和发布的说法错误的是（　　　）。

A. 可以通过 Dreamweaver 中自带的上传功能上传站点

B. 可以使用其他的上传工具上传站点

C. 上传文件需要 FTP 服务器的支持

D. Dreamweaver 中自带的上传功能支持断点续传

（2）下列不属于离线推广网站的方式是（　　　）。

A. 通过广播、电视推广网站　　　　　　B. 通过报纸、杂志推广网站

C. 通过办公用品推广网站　　　　　　　D. 通过电子邮件推广网站

第**8**单元

完整网站创建实例

本单元通过一个建立网站的实例,把建立站点,在网页中插入文字、图像、动画等基本元素,使用表格、框架等方法布局网页,添加网页特效,及网站的发布和维护等知识综合应用到实际的网页制作中。

本单元由以下 4 个项目组成:

项目 1 设计 Buy168 网站

项目 2 创建 Buy168 网站

项目 3 测试 Buy168 网站

项目 4 发布 Buy168 网站

项目 1　设计 Buy168 网站

项目描述

Buy168 网站是一个典型的购物网站,主要是让用户通过互联网购买各种商品。网站主要有商品信息的展示、用户的注册登录和在线进行网上交易等功能。

项目分析

根据网站的需要、实现的功能,设计网站的结构,安排制作流程,然后根据流程依次制作网站的首页和子页。因此,本项目可分解为以下任务:

任务 1　设计网站的结构

任务 2　安排网站的制作流程

项目目标

● 了解网站结构设计思路

● 了解网站的制作流程

任务 1　设计网站的结构

Buy168 网站作为一个典型的电子商务类网站,主要功能是展示商品,界面设计要简明,让用户能够很方便地查找到自己所需要的商品,并提供便捷的途径让用户记录所购买的商品以及进行网上支付。根据需求,Buy168 网站主要由首页、商品分类、商品详细信息页、购物车、用户登录和注册、帮助中心等页面构成。网站的结构如图 8-1 所示。

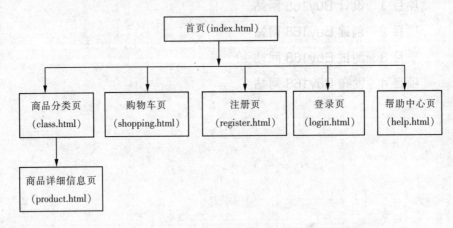

图 8-1　Buy168 网站结构图

根据网站的结构图,各页面应完成下面功能:

1. 网站首页(index. html)

浏览者在浏览网站时,首先进入的是网站的首页。首页左侧是商品分类,中间部分包括用户登录、注册,Flash 广告,典型商品的图片广告以及商品的详细信息,首页右侧是网站的动态、各种商品的排行榜。

2. 商品分类页(class. html)

商品分类页主要展示各种商品,并对商品进行分类,方便用户按类别查找。在网页中显示推荐商品和顾客点击率高的商品,吸引浏览者,提高销售量。

3. 商品详细信息页面(product. html)

在用户点击商品分类页或者主页中的某个商品时,展示该商品的详细信息,让用户了解商品的外观、性能、价格等信息;当用户选择购买后,把商品放入购物车网页中。

4. 购物车页(shopping. html)

购物车页是显示用户购买商品的信息页,包括商品名称、价格、数量,并且允许用户删除,当用户确认购买的商品后可以进行结算。用户通过"购物车"和"我要买"都可以进入购物车页,查看个人购买的商品。

5. 帮助中心页(help. html)

帮助中心页是为了方便用户注册,提供用户注册流程图,并对其中可能遇到的问题进行讲解,让用户顺利完成注册。

6. 用户注册页(register. html)

浏览者可以单击"新用户注册"进入用户注册页,在用户注册页中,填写 E-mail 地址和昵称、密码等相关信息,成为网站的会员。用户信息可以存储到数据库中。

7. 用户登录页(login. html)

注册会员后,用户可以使用注册信息以会员身份登录网站。用户在登录页填写信息发往服务器,服务器会将获取数据与数据库中的数据进行比较确认用户身份。

任务 2　网站的制作流程

在同一个站点的各个网页,网页顶端应该有统一的网站导航(主要包括网站的 Logo、网站菜单、链接、分类搜索、热门词搜索)和网页底部的版权信息,对此应分别做成独立的文件,用内嵌框架技术把这两部分嵌入每个网页的头部和底部。在制作网页时,根据网页的链接关系和网站的结构图,安排网站制作流程如下:

①制作网站导航页(top. html)。

②制作网站版权页(bottom. html)。

③制作网站首页(index. html)。

④制作商品分类页(class. html)。

⑤制作商品详细信息页(product. html)。

⑥制作帮助中心页(help. html)。

⑦制作购物车页(shopping. html)。

⑧制作用户注册页(register. html)。

⑨制作用户登录页(login. html)。

项目小结

　　根据网站的定位,分析用户的需求后,对网站进行规划设计,绘制网站的结构图,分析各个网页之间关系,确定网站中各网页的制作顺序,然后开始进行网页的具体制作。

项目 2　创建 Buy168 网站

项目描述

　　在明确了网站的结构之后,按照网站的制作流程,运用所学网页制作知识,逐个分析网页的需求,规划网页的具体布局,插入文本、图片、动画等元素完成网页的制作。

项目分析

　　根据图 8-1 可知,本项目可分解为以下任务:

　　任务 1　　制作 Buy168 网站导航页

　　任务 2　　制作 Buy168 版权信息页

　　任务 3　　制作 Buy168 首页

　　任务 4　　制作 Buy168 商品分类页

　　任务 5　　制作 Buy168 商品详细信息页

　　任务 6　　制作 Buy168 帮助中心页

　　任务 7　　制作 Buy168 购物车页

　　任务 8　　制作 Buy168 用户注册页

　　任务 9　　制作 Buy168 用户登录页

任务 1　制作 Buy168 网站导航页

　　网站的导航页对整个网站有提纲的作用,能让用户方便地在网站中的各页之间跳转。为了便于用户使用,可以将网页导航布局为上下两部分,上面部分提供 Logo、网站菜单及常用会员菜单,下面部分是商品搜索。

操作步骤

　　①创建 Buy168 站点。执行【站点】→【新建站点】命令,在弹出的【站点定义】对话框中单击"高级"标签,在"分类"栏目中选择"本地信息",设置站点名为"Buy168";选择本地根文件夹,如:"D:\buy168\";选择默认图像文件路径,如:"D:\buy168\img\",如图 8-2 所示;单击【确定】按钮,完成站点的建立。

　　②执行【文件】→【新建】命令,新建一个空白网页;执行【文件】→【保存】命令,命名为"top. html",保存该网页;重复上述操作,建立新文件:bottom. html、index. html、class. html、product. html、login. html、register. html、help. html、shopping. html。

　　③执行【文件】→【打开】命令,打开"top. html"网页文档。

　　④执行【插入记录】→【表格】命令,或按【Ctrl＋Alt＋T】组合键,插入一个 2 行 1 列的表

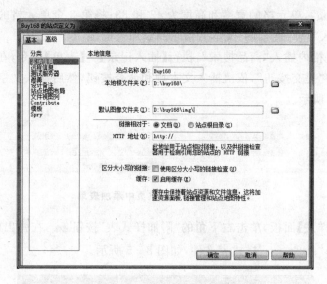

图 8-2　新建 Buy168 站点

格；设置表格宽为 100％，边框粗细、单元格边距和单元格间距都为 0。

⑤在该表格的第 1 行单元格中，再插入一个 1 行 5 列的嵌套表格；设置表格宽为 100％，边框粗细、单元格边距和单元格间距都为 0。

⑥在第 1 行的第 1 个单元格中插入图像"logo. jpg"，并且设置单元格宽为 100，高为 60，图像居中显示。

⑦在第 1 行的第 2～第 4 个单元格中分别插入文字"首页""我要买""商品分类"；选中文字"首页"，在【属性】面板中添加超链接，链接到文件"index. html"，目标选择"_parent"，如图 8-3 所示。同样设置"我要买""商品分类"文字超链接，分别链接到文件"shopping. html"和"class. html"。

图 8-3　设置超链接

⑧在第 1 行的第 5 个单元格中插入图像"top-gwc. gif"，然后插入文字"购物车""帮助中心""账户登录""新用户注册"，分别给文字建立超链接到"shopping. html""help. html""login. html""register. html"。

⑨在表格的第 2 行单元格中，再插入一个 1 行 3 列的表格；设置表格宽为 100％，边框粗细、单元格边距和单元格间距都为 0。

⑩在第 2 行的第 1 个和第 3 个单元格中，分别插入图像"top-1. gif"和"top-r. gif"，两个单元格的宽度和高度均设置为 6 和 71；第 2 个单元格的背景图像设置为"top-bg1. gif"，并且设置中间单元格"顶端"对齐。

⑪在第 2 行的第 2 个单元格中，再插入一个 2 行 1 列的表格；设置表格宽为 100％，边框粗细、单元格边距和单元格间距都为 0；拆分第 1 行的单元格为 1 行 3 列。

⑫在拆分的第 1 个单元格中插入"选择分类"文本，宽度设为 450；在第 2 个单元格中插

入图像"top-bg2.jpg",单元格的宽度和高度为 42 和 33;将第 3 个单元格的背景图像设置为"top-bg3.gif",插入"热门搜索词"文本并给它们添加空链接"♯"。

⑬在第 2 行表格内插入"商品搜索",执行【插入记录】→【表单】命令,在其级联菜单中分别选择"文本框"和"提交按钮",依次插入文本域和命令按钮,然后插入文字"高级搜索"及其空链接,如图 8-4 所示。

图 8-4 在网站导航页中添加表单

⑭打开【CSS 样式】面板,单击右下角的"附加样式表"按钮 ▣,在弹出的【链接外部样式表】对话框中,选择"style.css"样式表文件,如图 8-5 所示。

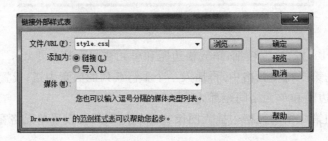

图 8-5 链接外部样式表 style.css

⑮单击【确定】按钮,完成外部 CSS 的链接。链接后网页效果如图 8-6 所示。

图 8-6 网站导航页效果图

📶 任务 2 制作 Buy168 版权信息页

版权信息页主要是显示网站的版权信息声明和信息产业部的备份信息,另外可以添加一个广告图片,展示网站的服务承诺。

操作步骤

❶执行【文件】→【打开】命令,打开"bottom.html"网页文档。

❷执行【插入记录】→【表格】命令,插入一个 2 行 1 列的表格;设置表格宽为 100%,边框粗细、单元格边距和单元格间距都为 0。

❸在第 1 行的单元格中插入图像"bottom-1.jpg",设置图像居中显示。

❹在第 2 行的单元格中插入版权信息文字和版权图像"validate.gif",设置图像居中显示。

❺为文字"中 ICP 证 041189 号"添加超链接(用于验证注册情况,可先设为空链接

"＃"),效果如图 8-7 所示。

图 8-7　网站版权信息效果图

任务 3　制作 Buy168 首页

　　网站首页除显示网页的导航和版权信息外,还要显示店内店外的商品分类、用户浏览网站时的欢迎语以及用户注册、登录链接、广告、分类显示商品,方便用户选购和展示网站动态和图书、音乐、影视热门排行榜等内容。

操作步骤

　　①执行【文件】→【打开】命令,打开"index. html"网页文档。

　　②执行【修改】→【页面属性】命令,打开【页面属性】对话框;在"分类"栏目中选择"标题/编码"选项,在标题文本框中设置网页标题为"Buy168 网首页"。

　　③打开【CSS 样式】面板,单击右下角的"附加样式表"按钮 💿 ,在弹出的【链接外部样式表】对话框中,选择"style. css"样式表文件,完成外部 CSS 的链接。

　　④插入一个 3 行 1 列的表格;设置表格宽 990,边框粗细、单元格边距和单元格间距都为 0,表格的对齐方式为"居中对齐"。

　　⑤将光标置于第 1 行中,切换到"代码"视图,添加如下代码:

＜IFRAME frameborder ＝"0" src ＝"top. html" height ＝"135" width ＝"100％"＞
＜/IFRAME＞

　　⑥将光标置于第 3 行中,切换到"代码"视图,添加如下代码:

＜IFRAME frameborder ＝"0" src ＝"bottom. html" height ＝"100" width ＝"100％"＞
＜/IFRAME＞

贴心·提示

　　＜IFRAME＞…＜/IFRAME＞是内嵌框架标记,表示将一个文档 A 嵌入到另外一个文档 B 中显示,使嵌入文档和当前文档同时显示,相互融合形成一个整体。这种框架形式比普通的框架集要方便灵活,很容易实现将网页导航和版权信息统一添加到同一个网站的每个网页中。

　　⑦在第 2 行插入一个 1 行 3 列的表格;设置表格宽为 95％,边框粗细、单元格边距和单元格间距都为 0;设置第 1 个单元格宽度为 150,第 3 个单元格宽度为 170,3 个单元格的垂直对齐方式均为"顶端"。

　　⑧在第 1 个单元格(左边)中再插入一个 7 行 1 列的表格;设置表格宽为 100％,边框粗细、单元格边距和单元格间距都为 0。

　　⑨在插入的表格的第 1 行和第 5 行中,分别插入文字"商品分类(店中店除外)"和"商品分类(仅限店中店)",设置样式为"left-bg"。

⑩在插入的表格的第 2 行和第 6 行,分别插入文字"百货/化妆品/玩具、图书杂志分类"和"手机通讯"等相关文字,设置样式为"left-line",并给相应的文字添加超链接,链接到"class.html",效果如图 8-8 所示。

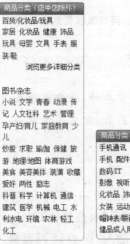

图 8-8 网站分类信息效果

⑪在第 3 行中插入图像"left-bgb.gif",分割上、下两部分。

⑫在第 2 个单元格(中间)插入一个 13 行 1 列的表格;设置表格宽为 96%,边框粗细、单元格边距和单元格间距都为 0,然后设置插入表格的对齐方式为"居中对齐"。

⑬在插入表格的第 1 行插入"欢迎语、登录和注册"的文字及链接,设置水平对齐方式为"居中对齐"。

⑭在第 2 行插入 Flash 广告。执行【插入记录】→【媒体】→【Flash】命令,插入 Flash 广告"index.swf"。

⑮在第 3 行插入一个 2 行 3 列的表格;设置表格宽为 100%,边框粗细、单元格边距和单元格间距都为 0;在插入表格的第 1 行的 3 个单元格中依次插入图像"index-new1.jpg""index-new2.gif"和"index-new3.jpg";在第 2 行的 3 个单元格中依次插入文字,并且给图像和文字添加超链接到"product.html",效果如图 8-9 所示。

您好,欢迎光临Buy168网。[请登录/注册]

图 8-9 首页中间上部效果图

⑯在第 4 行插入三角图像"index-arrow.gif"及文字"最全的图书、最低的价格尽在Buy168网 点击进入图书频道首页＞＞",设置文字样式为"yellow",并超链接到"class.html"。

⑰在第 5 行插入一个 2 行 3 列的表格；设置表格宽为 100％，边框粗细、单元格边距和单元格间距都为 0；在插入表格的第 1 行的 3 个单元格中分别插入图书分类名称和图像"index-book1. jpg""index-book2. jpg"和"index-book3. jpg"；设置第 1 行的水平对齐方式为"居中对齐"；在第 2 行的 3 个单元格中分别插入图书名称及图像，并且给图像和文字添加超链接到"product. html"，效果如图 8－10 所示。

图 8－10　首页中间中部效果图

⑱其他商品信息的制作可仿照第 16、17 步，制作完成后的效果如图 8－11 所示。

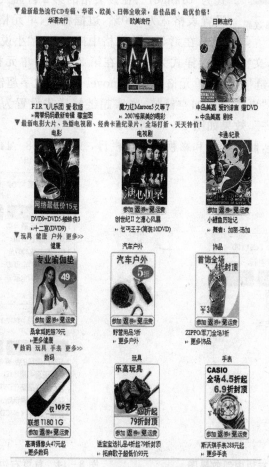

图 8－11　首页中间下部效果图

⑲在第3个单元格（右侧）插入一个12行1列的表格；设置表格宽为100％，边框粗细、单元格边距和单元格间距都为0。

⑳在插入的表格的第1行插入Buy168动态图像"index-right1-1.jpg"；在第2行插入动态信息文字，并给文字添加空链接"＃"。

㉑在插入表格的第3行插入广告图像"index-right1-1.jpg"，并添加超链接到"product.html"，效果如图8-12所示。

㉒在插入表格的第4行和第6行分别插入图像"index-rt.gif"和"index-rb.gif"。

㉓选中插入表格的第5行，在其【属性】面板中设置样式为"left-line"，然后插入一个4行1列的表格；设置表格宽为100％，边框粗细、单元格边距和单元格间距都为0；在该表格的第1行插入文字"图书周排行榜"，设置文字样式为"orange"，再输入"TOP 100 近7天销量，每日更新"，设置文字样式为"orange1"；在该表格的第2行插入一个1行3列的表格；设置表格宽为100％，边框粗细、单元格边距和单元格间距都为0；在第1个单元格中插入文字"小说"，添加空链接，设置单元格样式为"novel-bg"，文字超链接样式为"A1"；在第2和第3单元格中依次插入文字"非小说"和"少儿"，添加空链接，设置单元格样式为"novel-bg1"，文字超链接样式为"A1"；在该表格中第3行插入文字"更多"，添加空链接，文字超链接样式设置为"yellow"；设置单元格水平对齐样式为"右对齐"，效果如图8-13所示。

㉔仿照第22、23步，制作音乐和影视排行榜栏目，效果如图8-14所示。

图8-12　首页右边上部效果

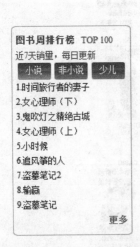

图8-13　首页右边中部效果图

图8-14　首页右边下部效果图

㉕执行【文件】→【保存】命令，保存网页 index. html，完成效果如图 8 - 15 所示。

图 8 - 15　首页效果图

任务4　制作 Buy168 商品分类页

Buy168 作为购物类的网站，必须有一个展示网站中商品分类页面，将大量的商品按照一定规律组织起来，让用户可以方便地查找到自己喜欢的商品。制作该网页时，可以使用商品的图片和添加 Flash 广告给网页增加感染力和冲击力。本任务以制作图书分类页为例。

操作步骤

①执行【文件】→【打开】命令，打开"class. html"网页文档。

②在网页"标题"文本框中输入标题名称"商品分类页"。

③打开【CSS 样式】面板，单击右下角的"附加样式表"按钮 ，在弹出的【链接外部样式表】对话框中，选择"style. css"样式表文件，完成外部 CSS 样式表的链接；设置该表格的对齐方式为"居中对齐"。

④创建一个 4 行 1 列的表格;设置表格宽为 990,边框粗细、单元格边距和单元格间距都为 0。

⑤将光标定位在第 1 行中,切换到"代码"视图,添加如下代码:

<IFRAME frameborder ="0" src ="top. html" height ="135" width ="100%"></IFRAME>

⑥将光标定位在第 4 行中,切换到"代码"视图,添加如下代码:

<IFRAME frameborder ="0" src ="bottom. html" height ="100" width ="100%"></IFRAME>

⑦在表格的第 2 行中,插入广告图片"class-top. gif";设置该单元格"水平"为"居中对齐",并插入图像超链接,链接到"product. html"。

⑧在表格的第 3 行中,插入一个 1 行 3 列的表格;设置表格宽为 95%,边框粗细、单元格边距和单元格间距都为 0;设置该行单元格"水平"为"居中对齐"。

⑨在插入的表格中,设置第 1 列单元格宽度为 160,第 3 列单元格宽度为 180;将这 3 个单元格"垂直"设置为"顶端"对齐。

⑩在最左边的第 1 列单元格中,插入一个 6 行 1 列的表格;设置表格宽为 100%,边框粗细、单元格边距和单元格间距都为 0。

商品分类

百货/化妆品/玩具
青春小说
校园
爱情/情感
叛逆/成长
悬疑/惊悚
网络/娱乐/明星
爆笑/无厘头
玄幻/新武侠/魔幻/科幻
大陆原创
港台原创
韩国原创
其他国外原创

浏览全部图书分类>>

图 8 - 16 商品分类栏效果图

⑪在第 1 行单元格中,插入图片"class-lt. gif";在第 3 行单元格中,插入图片"class-lb. gif",分割出"商品分类"栏目;选中第 2 行单元格,插入"百货/化妆品/玩具、青春小说……"文字(每行文字后要插入换行符号),并设置文字超链接到"class. html",其中"青春小说"文字样式设置为 orange,不添加超链接;再插入水平线,设置水平线样式为 hr,然后插入"浏览全部图书分类>>",设置文字超链接到"class. html",样式设置为"yellow",文字对齐方式为"右对齐",效果如图 8 - 16 所示。

⑫将第 4 行单元格的样式设置为"border-yellow";在该行单元格中,插入一个 2 行 1 列的表格;设置表格宽为 100%,边框粗细、单元格边距和单元格间距都为 0;命名该表格为"type"。

⑬在 type 表格的第 1 行,设置单元格背景颜色为"#e9e9d2",高度为 28;插入图片"class-2. gif",输入标题"相关类别",设置该图片水平边间距为 10;在 type 表格的第 2 行,设置单元格样式为 empty;并插入文字"小说、文字……",将它们链接到"class. html",效果如图 8 - 17 所示。

⑭在第 5 行单元格内插入透明图片"blank. gif",起到分割"相关类别"和"热门作者"栏目的作用。

⑮仿照第 12 步,在第 6 行单元格中制作"热门作者"栏目,给作者名字加上空链接("♯"),效果如图 8 - 18 所示。

⑯在中间的第 2 列单元格中,插入一个 11 行 1 列的表格;设置表格宽为 98%,边框粗细、单元格边距和单元格间距都为 0,表格对齐方式为"居中对齐"。

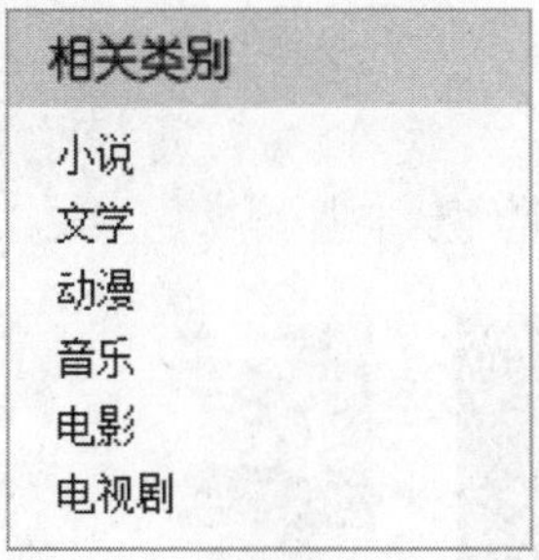

相关类别

小说
文学
动漫
音乐
电影
电视剧

图 8-17 相关类别栏效果图

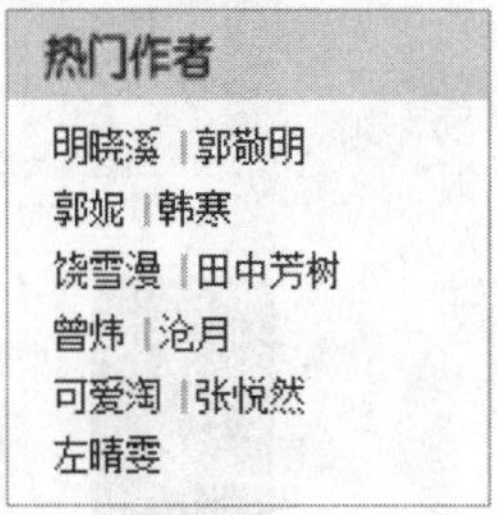

热门作者

明晓溪 ｜郭敬明
郭妮 ｜韩寒
饶雪漫 ｜田中芳树
曾炜 ｜沧月
可爱淘 ｜张悦然
左晴雯

图 8-18 热门作者栏效果图

⑰在插入表格的第 1 行插入标题图片"class-1. jpg",设置图片对齐方式为"左对齐";插入文字"共有 5 650 种最低折扣 21 折",分别设置"5650"和"21"文字样式为"orange1";在第 2 行插入 Flash 文件"class. swf",设置单元格水平为"居中对齐";在第 3 行设置单元格样式为"empty1";输入图书名称"怀念子尤－谁的青春有我狂……",并添加超链接到"product. html";在第 4 行插入文本"更多 ＞＞",添加超链接到"class. html",设置文字样式为"yellow";设置单元格水平为"右对齐",效果如图 8-19 所示。

图 8-19 中间栏上部效果图

⑱在插入表格的第 5 行插入标题图片"class-4. gif";在第 6 行插入一个 1 行 2 列的表格;设置表格宽为 100％,边框粗细、单元格边距和单元格间距都为 0;将第 1 列单元格宽度设为 150,在其中插入图片"class-book1. jpg",设置图片宽为 100,高为 140,垂直边距为 8,水平边距为 20,边框为 0,添加图片超链接到"product. html";在第 2 列单元格中输入图书名称、定价、会员价及折扣,将图书名称超链接到"product. html",样式设置为"yellow",图书定价"20"设置样式为 line-middle,其他文字样式为 orange。

⑲在第 7 行插入一个 2 行 4 列的表格;设置表格宽为 100％,边框粗细、单元格边距和单元格间距都为 0,表格中各单元格水平为"居中对齐";在第 1 行中分别插入图片 class-2. jpg、class-3. jpg、class-4. jpg、class-5. jpg,设置图片宽为 100,高为 140,添加图片超链接到"product. html";在第 2 行中输入图书名称、定价、会员价,将图书名称超链接到"product. html",图书会员价样式设置为"orange1",图书定价设置样式设置为"line-middle"。

⑳在第 8 行输入文本"更多 ＞＞",添加超链接到"class. html",设置文字样式为"yellow",设置单元格水平为"右对齐"。

㉑仿照第 17 步骤,在插入表格的第 9 行,制作"本周顾客点击最多的类别"栏目,效果如图 8-20 所示。

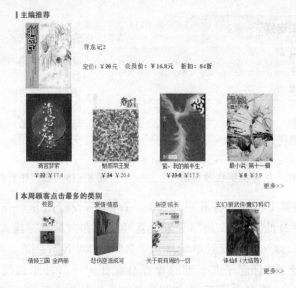

图 8 - 20   中间栏下部效果图

㉒在最右边第 3 列单元格中，插入一个 2 行 1 列的表格；设置表格宽为 100％，边框粗细、单元格边距和单元格间距都为 0；在插入表格的第 1 行插入标题图片"class-2.jpg"；在插入表格的第 2 行，设置单元格样式为"border-yellow1"，插入图片"class-book10.jpg"，设置图片宽为 150，垂直边距为 4，边框为 0，添加图片超链接到"product.html"；插入书名"SUPER JUNIOR 之十三位王子的诱惑"及简介，给书名添加超链接到"product.html"，设置样式为"yellow"；同样，插入图片"class-book11.jpg"以及书名和简介，并设置属性。

㉓执行【文件】→【保存】命令，保存网页 class.html，完成效果如图 8 - 21 所示。

图 8 - 21   网页 class.html 效果图

任务5　制作 Buy168 商品详细信息页

商品详细分类页除了包含网页的导航和版权信息外,主要包括商品的名称、商品的图片、商品性能简介以及商品的价格,并且提供用户在线购买的功能等。本任务以制作图书详细信息页为例。

操作步骤

①执行【文件】→【打开】命令,打开"product. html"网页文档。

②在网页"标题"文本框中输入网页标题为"商品详细信息页"。

③打开【CSS 样式】面板,单击右下角的"附加样式表"按钮 ,在弹出的【链接外部样式表】对话框中,选择"style. css"样式表文件,完成外部 CSS 样式表的链接;设置该表格的对齐方式为"居中对齐"。

④创建一个 4 行 1 列的表格;设置表格宽为 990,边框粗细、单元格边距和单元格间距都为 0。

⑤把光标置于第 1 行中,切换到"代码"视图,添加如下代码:

＜IFRAME　frameborder ＝"0"　src ＝"top. html"　height ＝"135"　width ＝"100％"＞
＜/IFRAME＞

⑥把光标置于第 4 行中,切换到"代码"视图,添加如下代码:

＜IFRAME　frameborder ＝"0"　src ＝"bottom. html"　height ＝"100"　width ＝"100％"＞
＜/IFRAME＞

⑦在表格的第 2 行中,插入文字"您现在的位置:Buy168 网 ＞＞魔幻＞＞寻龙记 2",选中文字"魔幻",添加超链接到"class. html"。

⑧在表格的第 3 行中,插入一个 1 行 2 列的表格;设置表格宽为 95％,边框粗细、单元格边距和单元格间距都为 0,设置该行单元格水平为"居中对齐"。

⑨在插入的表格中,设置第 1 列单元格宽度为 188,将这两列单元格"垂直"设置为"顶端"对齐。

⑩在左边的第 1 列单元格中,插入一个 2 行 1 列的表格;设置表格宽为 100％,边框粗细、单元格边距和单元格间距都为 0;在表格第 1 行输入"购买该商品的顾客还买过",设置该行单元格高度为 23,水平"居中对齐",插入背景图片"product-bg1. jpg"。

⑪在表格第 2 行设置单元格样式为"border-p",插入一个 6 行 2 列的表格;设置表格宽为 100％,边框粗细、单元格边距和单元格间距都为 0;将第 1 列的所有单元格宽度设为 110,水平"居中对齐";在第 1 行的第 1 列单元格中插入图片"product-book1. jpg"(《寻龙记 1》的封面),图片宽度为 100,垂直边距为 4,边框为 0,添加图片超链接到"product. html";在第 1 行的第 2 列单元格中输入图书名称、定价、会员价"寻龙记 1 ￥20 ￥10.4"等文字,添加文字超链接到"product. html",设置"￥20"文字样式为"line-middle",设置"￥10.4"文字样式为"orange",效果如图 8 - 22 所示;同样,在第 2 行到第 6 行插入图书封面图片,图书名称、定价、会员价,并设置超链接和样式。

⑫在右边的第 1 列单元格中,插入一个 11 行 1 列的表格;设置表格宽为 98％,边框粗细、单元格边距和单元格间距都为 0;设置该表格的对齐方式为"居中对齐"。

图 8-22　"购买该商品的顾客还买过"栏效果图

⑬在插入表格的第 1 行中,插入一个 4 行 3 列的表格;设置表格宽为 100%,边框粗细、单元格边距和单元格间距都为 0;将插入表格的第 1 列 4 个单元格合并,然后设置单元格宽度为 170,插入图片"class-book1.jpg",设置图片宽度为 160;合并第 1 行的第 2 列和第 3 列单元格,插入文字"寻龙记 2",设置文字样式为"orange1";在第 2 行的两列中分别输入图书信息;在第 3 行输入图书价格信息,插入图片"diamond. gif";在第 4 行单元格中,执行【插入记录】→【表单】→【表单】命令,插入表单,设置表单名称为"form1",然后在 form1 中插入"按钮",按钮名称为 B1,值为""(2 个空格),"类"选"sale",表单按钮设置如图 8-23 所示,制作完成的效果如图 8-24 所示。

图 8-23　表单按钮设置

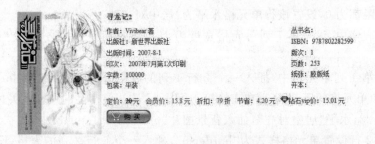

图 8-24　图书封面信息

⑭在插入表格的第 2 行中,设置单元格高度为 10,执行【插入记录】→【HTML】→【水平线】命令,插入水平线;设置水平线的宽度为 100%,高为 1,勾选"阴影",如图 8-25 所示。

图 8-25　设置水平线

⑮在插入表格的第 3 行中,插入"内容提要"及介绍文字;选中"内容提要",设置其样式

为"bold";同样,制作作者介绍、编辑推荐、目录、书摘与插图等内容。

⑯执行【文件】→【保存】命令,保存网页 product. html,完成效果如图 8－26 所示。

图 8－26　商品详细信息页

任务 6　制作 Buy168 帮助中心页

帮助中心页主要是指导用户进行注册,展示用户注册的整个过程并给予相应的说明。帮助中心页和其他页一样,也要包含网页的导航和版权信息。

操作步骤

①执行【文件】→【打开】命令,打开"help. html"网页文档。

②在网页"标题"的文本框中输入网页标题为"帮助中心页"。

③打开【CSS 样式】面板,单击右下角的"附加样式表"按钮 ,在弹出的【链接外部样式表】对话框中,选择"style. css"样式表文件,完成外部 CSS 样式表的链接;设置该表格的对齐

方式为"居中对齐"。

④执行【插入记录】→【表格】命令,插入一个 5 行 1 列的表格;设置表格宽为 990,边框粗细、单元格边距和单元格间距都为 0。

⑤把光标置于第 1 行中,切换到"代码"视图,添加如下代码:

＜IFRAME frameborder＝"0" src＝"top. html" height＝"135" width＝"100％"＞
＜/IFRAME＞

⑥把光标置于第 5 行中,切换到"代码"视图,添加如下代码:

＜IFRAME frameborder＝"0" src＝"bottom. html" height＝"100" width＝"100％"＞
＜/IFRAME＞

⑦把光标置于第 2 行中,设置单元格高为 40,插入用户帮助标题图片"help-1. gif"。

⑧把光标置于第 3 行中,设置单元格高为 10,执行【插入记录】→【HTML】→【水平线】命令,插入水平线,设置水平线的宽度为 99％,高为 1,勾选"阴影","类"选择"hr1"。

⑨把光标置于第 4 行中,插入一个 5 行 3 列的表格;设置表格宽为 96％,边框粗细、单元格边距和单元格间距都为 0,表格对齐方式为"居中对齐"。

⑩在插入的表格中,设置第 1 列单元格宽为 35,第 3 列单元格宽为 470;设置第 1 列和第 2 列单元格"垂直"为"顶端"对齐;在第 1 列的 5 个单元格中分别插入图片 help-n1. gif、help-n2. gif、help-n3. gif、help-n4. gif、help-n5. gif;在第 3 列的 5 个单元格中分别插入说明图片 help-h1. gif、help-h2. gif、help-h3. gif、help-h4. gif 和 help-h5. gif,并设置图片垂直边距为 5,水平边距为 5;在第 2 列的 5 个单元格中输入注册流程,将标题文字样式设为"bold",内容文字小标题"邮箱""昵称""密码"的样式设为"red"。

⑪执行【文件】→【保存】命令,保存网页 help. html,完成后的效果如图 8－27 所示。

图 8－27 帮助中心页效果

任务7 制作 Buy168 购物车页

购物车主要是充当用户网上购物的工具,为用户所选择的商品提供临时的放置区域,用户选中的商品都会出现在购物车中,用户可以利用购物车来查看自己购物的情况。本任务主要制作购物车网页的静态效果,完全实现购物车页的功能还要结合动态网页制作。

操作步骤

① 执行【文件】→【打开】命令,打开"shopping. html"网页文档。

② 在网页"标题"的文本框中输入网页标题为"购物车页"。

③ 打开【CSS 样式】面板,单击右下角的"附加样式表"按钮 ,在弹出的【链接外部样式表】对话框中,选择"style. css"样式表文件,完成外部 CSS 样式表的链接;设置该表格的对齐方式为"居中对齐"。

④ 执行【插入记录】→【表格】命令,插入一个 7 行 1 列的表格;设置表格宽为 990,边框粗细、单元格边距和单元格间距都为 0。

⑤ 将光标置于第 1 行中,切换到"代码"视图,添加如下代码:

<IFRAME frameborder="0" src="top. html" height="135" width="100%"></IFRAME>

⑥ 将光标置于第 7 行中,切换到"代码"视图,添加如下代码:

<IFRAME frameborder="0" src="bottom. html" height="100" width="100%"></IFRAME>

⑦ 在第 2 行插入购物车图片"shopping. html",设置图片垂直边距为 8,水平边距为 20;按【Shift+Enter】键插入换行符,插入 6 个空格符,然后插入文字"您选好的物品:";设置文字的样式为"bold"。

⑧ 在第 3 行插入一个 1 行 3 列的表格;设置表格宽为 100%,边框粗细、单元格边距和单元格间距都为 0;在插入的表格中设置第 1 列和第 3 列单元格宽度为 6,高为 27,分别插入图片"shop-left. gif"和"shop-right. gif";在第 2 列中设置表格的背景图片为"shop-center. gif",然后插入一个 1 行 4 列的表格;设置表格宽为 100%,边框粗细、单元格边距和单元格间距都为 0;在插入的新表格中设置表格的第 2～第 4 列单元格的宽分别为 300、85、110,水平对齐方式为"居中对齐";在该表格的第 1～第 4 列单元格中依次输入"商品名称""价格""数量""删除",并设置文字样式为"shop-bold"。

⑨ 在第 4 行设置单元格样式为"shop-lr";将光标置于该单元格中,执行【插入记录】→【表单】→【表单】命令,插入一个表单,设置表单域名称为"form1"。

⑩ 在表单域"form1"中插入一个 5 行 4 列的表格;设置表格宽为 96%,边框粗细、单元格边距和单元格间距都为 0,表格对齐方式为"右对齐"。

⑪ 将表格的第 1～第 3 行高设为 30,第 2 行背景色设置为"#DFDFDF",表格的第 2～第 4 列宽分别为 300、85、110,水平对齐方式设置为"居中对齐";在表格的第 1 行的第 1 列插入商品名称"20019134 五月俏家物语",并超链接到"product. html";在表格的第 1 行的第 2 列插入两个表单的文本域,名称分别设为"line1"和"orange1",并输入折扣"79 折",设置文本域 line1,类型为"单行","类"样式为"shop-line",初始值为"￥16.5",如图 8 - 28 所示。

图 8 - 28　文本框的设置

⑫同样,设置文本域 orange1 样式为"shop-orange";在表格的第 1 行第 3 列单元格中插入文本域"count1",类型为"单行","类"样式为"shop-middle",初始值为"1";在表格的第 1 行第 4 列的单元格中输入"删除",添加空链接("♯");同样的方法,在表格的第 2 行、第 3 行插入内容,完成后的效果如图 8 - 29 所示。

图 8 - 29　商品列表

⑬在表单中将插入表格的第 4 行的 4 个单元格合并,设置单元格高为 10,然后插入水平线,设置水平线的高为 1。

⑭在表单中将插入表格的第 5 行的 4 个单元格合并,设置单元格水平对齐方式为"右对齐";输入文字"商品金额总计:¥187.50 您共节省:¥52.10";设置文本"¥187.50"的样式为"shop-orange";插入表单按钮,设置按钮名称为"tj",按钮值为空格符,"类"为"shop-tj",如图 8 - 30 所示。

图 8 - 30　按钮设置

⑮在表格的第 5 行和第 6 行分别插入图片"shop-end. gif"和"blank. gif",完成表格的外观设置。

⑯执行【文件】→【保存】命令,保存网页 shopping. html,完成后的效果如图 8 - 31 所示。

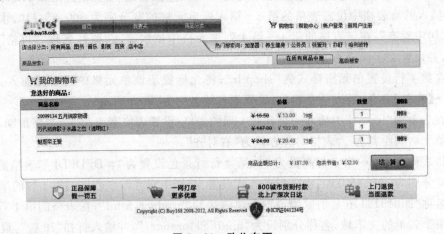

图 8 - 31　购物车页

任务 8　制作 Buy168 用户注册页

用户注册页是用户填写注册信息的网页,该页主要以表格的形式让用户在提供的表单文本域内填写自己的信息,页面布局简单。

操作步骤

①执行【文件】→【打开】命令,打开"shopping. html"文件。

②在网页"标题"的文本框中输入网页标题为"用户注册页"。

③打开【CSS 样式】面板,单击右下角的"附加样式表"按钮 ,在弹出的【链接外部样式表】对话框中,选择"style. css"样式表文件,完成外部 CSS 样式表的链接;设置该表格的对齐方式为"居中对齐"。

④执行【插入记录】→【表格】命令,插入一个 3 行 1 列的表格;设置表格宽为 990,边框粗细、单元格边距和单元格间距都为 0。

⑤把光标置于第 1 行中,切换到"代码"视图,添加如下代码:

<IFRAME frameborder ="0" src =" top. html" height ="135" width ="100%">
</IFRAME>

⑥把光标置于第 3 行中,切换到"代码"视图,添加如下代码:

<IFRAME frameborder ="0" src =" bottom. html" height ="100" width ="100%">
</IFRAME>

⑦在第 2 行插入一个 3 行 1 列的表格;设置表格宽为 800,边框粗细、单元格边距和单元格间距都为 0,设置表格对齐方式为"居中对齐"。

⑧在插入表格的第 1 行,设置单元格行高为 40,水平为"居中对齐";插入文本"注册步骤:1. 填写信息 > 2. 验证邮箱 > 3. 注册成功";设置"1. 填写信息"的样式为"red",其他所有文字的样式为"shop-bold"。

⑨在插入表格的第 2 行,插入文本"以下均为必填项",设置文字样式为"red",并设置字体为"粗体"。

⑩在插入表格的第 3 行,执行【插入记录】→【表单】→【表单】命令,插入一个表单;设置表单域名称为"from1";在表单"from1"中插入一个 5 行 3 列的表格,设置表格宽为 100%,边框粗细、单元格边距和单元格间距都为 0。

⑪设置表格第 1 列的第 1～第 4 行样式为"border-rb",第 2 列的第 1～第 4 行和第 3 列的第 1～第 4 行的样式为"border-b";设置表格的第 2 列单元格宽为 165。

⑫在表格的第 1 列和第 3 列前 4 行分别输入用户注册"e-mail""昵称""密码"等文本和说明文字;在表格的第 2 列第 1 行,插入表单中的文本域,名字为"e-mail",类型为"单行",类样式为"register-input";同样,在表格的第 2 列第 2～第 4 行,插入表单中的文本域,名字分别为"usename""pwd""repwd",类型分别为"单行""密码""密码",类样式均为"register-input"。

⑬将表格的第 5 行的 3 个单元格合并,设置单元格水平为"居中对齐",插入表单按钮;设置按钮名称为"tj",值为空格符,"动作"为"提交表单",类样式为"register-tj"。

⑭执行【文件】→【保存】命令,保存网页 register. html,完成后的效果如图 8-32 所示。

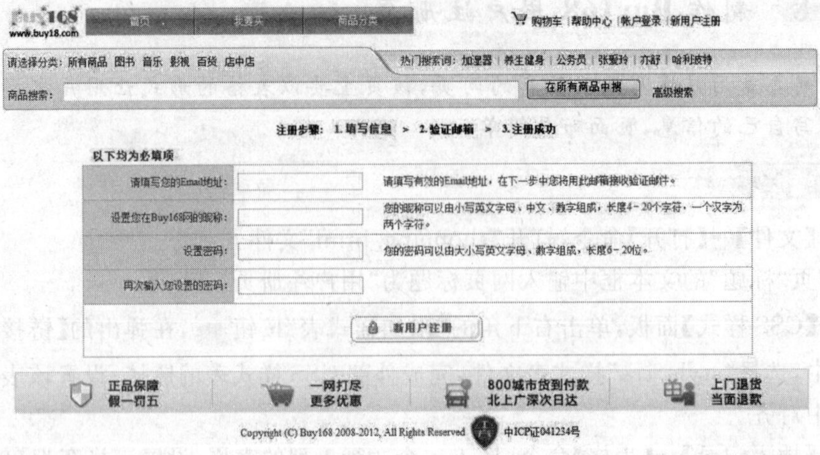

图 8－32   用户注册页

任务9   制作 Buy168 用户登录页

用户登录页是让用户输入 E-mail 地址或昵称和密码后，单击"登录"按钮，如果用户输入正确为合法用户，那么可以登录系统进行在线购物；如果用户输入不正确，那么提示用户重新输入；如果用户还没有注册，可以单击"创建一个新用户"按钮转到用户注册页进行注册。该页布局简洁，可以采用 DIV＋CSS 布局形式。

操作步骤

①执行【文件】→【打开】命令，打开"login. html"文件。

②在网页"标题"的文本框中输入网页标题名称为"用户登录页"。

③打开【CSS 样式】面板，单击右下角的"附加样式表"按钮 ，在弹出的【链接外部样式表】对话框中，选择"style. css"样式表文件，完成外部 CSS 样式表的链接；设置该表格的对齐方式为"居中对齐"。

④执行【插入记录】→【布局对象】→【AP Div】命令，在空白网页中插入 4 个 AP Div 元素，分别是 AP Div1、AP Div2、AP Div3、AP Div4。

⑤选中 AP Div1，设置其属性"左"为 100，"上"为 0，"宽"为 990，"高"为 135，"溢出"为 visible；单击 AP Div1 内部，切换到"代码"视图，添加如下代码：

＜IFRAME frameborder＝"0" src＝"top. html" height＝"135" width＝"100%"＞
＜/IFRAME＞

⑥选中 AP Div4，设置其属性"左"为 100，"上"为 435，"宽"为 990，"高"为 135，"溢出"为 visible；单击 AP Div4 内部，切换到"代码"视图，添加如下代码：

＜IFRAME frameborder＝"0" src＝"bottom. html" height＝"100" width＝"100%"＞
＜/IFRAME＞

⑦选中 AP Div2，设置其属性"左"为 150，"上"为 170，"宽"为 500，"高"为 240，"溢出"为 visible；在其中插入标题图片 login1-1. jpg，设置图片的水平边距为 10；在图片下方插入水平

线,设置其高为 1,宽为 96％,对齐方式为"居中对齐"。

⑧在【CSS 样式】面板中编辑"♯apdiv2"规则,设置字体大小为 12,行高为 20,字体颜色为♯666666;接着输入网站的介绍,效果如图 8-33 所示。

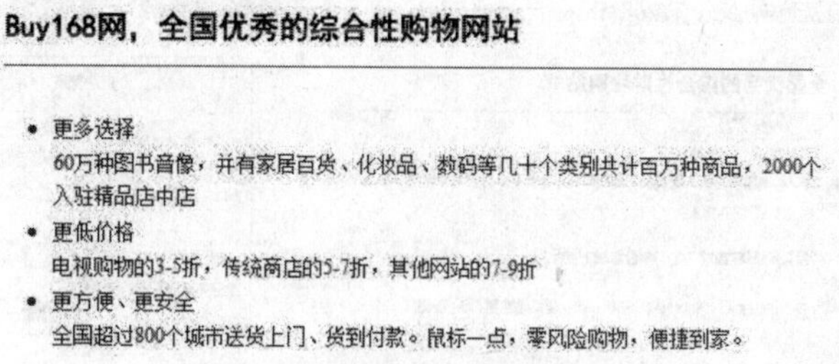

Buy168网，全国优秀的综合性购物网站

- 更多选择
  60万种图书音像，并有家居百货、化妆品、数码等几十个类别共计百万种商品，2000个入驻精品店中店
- 更低价格
  电视购物的3-5折，传统商店的5-7折，其他网站的7-9折
- 更方便、更安全
  全国超过800个城市送货上门、货到付款。鼠标一点，零风险购物，便捷到家。

图 8-33　网站宣传

⑨选中 AP Div3,设置其属性"左"为 725,"上"为 160,"宽"为 279,"高"为 260,"溢出"为 visible;在其中插入一个 3 行 1 列的表格,设置表格宽为 100％,边框粗细、单元格边距和单元格间距都为 0。

⑩在表格的第 1 行插入图片"login-top. gif";在第 3 行插入图片"login-bottom. gif";在第 2 行设置表格的样式为"login-top. mid",并插入表单"form1";在表单"form1"中,插入一个 8 行 1 列的表格,设置表格宽为 92％,边框粗细、单元格边距和单元格间距都为 0,表格对齐方式为"居中对齐"。

⑪在表格的第 1 行输入"用户登录",文字样式设为"red-bold",设置单元高为 30,水平对齐方式为"居中对齐";在表格的第 2 行、第 6 行插入水平线,设置水平线高为 1,宽为 90％,对齐方式为"居中对齐","类"为"login-hr";在表格的第 3 行、第 4 行拆分单元格为两列,在左边的单元格输入"E-mail 地址或昵称"和"密码",在右边的单元格插入表单文本域,名称为"name"和"pwd";设置类型为"单行"和"密码","类"均为"login-input";在表格的第 5 行,插入表单按钮,名称为"tj","动作"为"提交表单","类"为"login-tj";在表格的第 7 行,输入"您还不是 Buy168 网用户?";在表格的第 8 行,输入"创建一个新用户＞＞",超链接到"register. html",设置单元格水平对齐为"右对齐"。完成后的效果如图 8-34 所示。

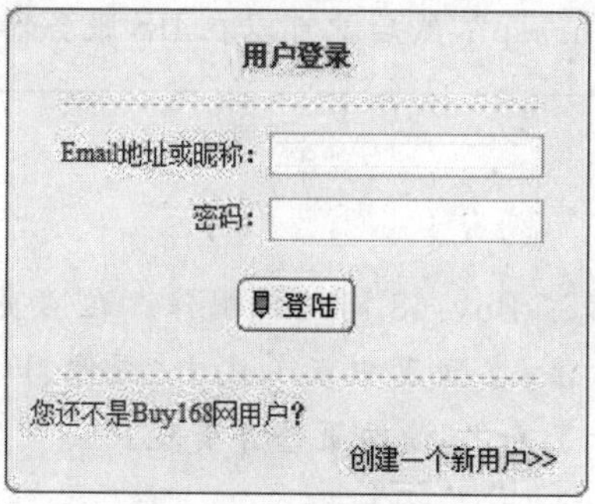

用户登录

Email地址或昵称：

密码：

〓 登陆

您还不是Buy168网用户?

创建一个新用户>>

图 8-34　用户登录栏

⑫执行【文件】→【保存】命令,保存网页 login. html。完成后的效果如图 8－35 所示。

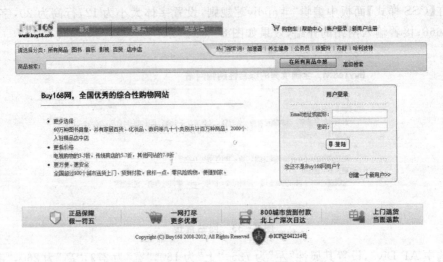

图 8－35　用户登录页

贴心·提示

结合网站用户注册和验证,需要建立数据库"buydata"及表"user","user"表的结构如表 8－1 所示。

表 8－1　user 表结构

字段名称	数据类型
编号	自动编号
E-mail 或昵称	文本
密码	文本

打开【控制面板】,选择"管理工具",双击"数据源(ODBC)"选项,弹出【ODBC 数据源管理器】对话框,将数据库定义成名称为"buydata"的系统 DSN。在 Dreamweaver 编辑窗口,通过【数据库】面板以"数据源名称(DSN)"方式建立站点与数据库的连接。通过【服务器行为】面板,为网页添加"插入记录"的服务器行为,然后指定表单对应的数据库字段和提交数据的类型,将网页保存为"login. asp",然后就可以在 IIS 服务器环境内测试。

项目小结

通过制作 9 个网页,完成了 Buy168 网站的制作。在网页制作中利用了表格、内嵌框架、DIV＋CSS 等多种布局方法;在网页中插入文本、图像、Flash 动画、表单等网页元素;使用 CSS 样式表对网页进行了美化,使网页整齐美观。

项目 3　测试 Buy168 网站

项目描述

完成网站中网页的制作后,还需要对整个网站进行测试,对整个页面进行检测,检查是否达到用户要求,各栏目与内容是否一致,插图与内容是否对应等。测试主要从用户界面、功能、跳转链接几个方面进行。

项目分析

根据项目描述可知,对网站测试可分解为以下任务:

任务 1　结构测试

任务 2　链接测试

任务 3　界面测试

任务 1　结构测试

查看每个网页是否都包含网站导航和版权部分,显示是否正常;网站中的每个网页布局是否合理,使用表格布局的网页,宽度和高度是否协调,内容排列是否合理,使用 AP Div 元素布局网页是否存在内容重叠的现象。

任务 2　链接测试

链接是网页中的灵魂,链接是否正确决定这个网站设计的成败。网站中导航页内的跳转都要进行测试。执行【站点】→【检查站点范围的链接】命令,可以在【结果】面板中查看链接的情况。

任务 3　界面测试

界面测试要对页面中的文字、图片、CSS 样式表、表单元素等逐一检测,检查它们的样式是否一致,显示是否正确,文字与图片是否对应,表单元素中按钮设置是否正确,文本域的样式是否一致,类型是否正确。

项目小结

网站测试是网页制作的重要环节,对网站进行结构、链接、界面等方面测试,从而保证网站在制作完成后能够正常发挥作用,为网站的发布打下坚实基础。

项目 4　发布 Buy168 网站

项目描述

在 Buy168 网站制作完成后，可以发布到 Internet 上，供用户浏览使用。想要发布网站首先需要向提供域名和空间服务的公司（例如：中国万网 http://www.net.cn/）申请域名和空间，然后签订协议缴纳服务费。当然也可以申请免费的域名和空间。服务公司提供域名、站点存放的主机目录名、用户账号（登录到服务器时使用）和密码等信息。最后，到公安部门和信息产业部为网站进行备案。

项目分析

利用 Dreamwear CS3 可以上传站点。本项目比较简单，执行一个任务即可完成。

操作步骤

①执行【站点】→【管理站点】命令，在弹出的【管理站点】对话框中选择站点"Buy168"，单击【编辑】按钮。

②在弹出的【站点定义】对话框中选择"远程信息"类，在"访问"下拉列表中选择"FTP"，如图 8-36 所示。

③填写相应的信息，单击【确定】按钮，即可上传站点。

④在【文件】面板中，单击"连接到远端主机"按钮，建立与远程服务器的连接。连接服务器后通过单击"⬆"和"⬇"按钮，上传和下载站点或文件。

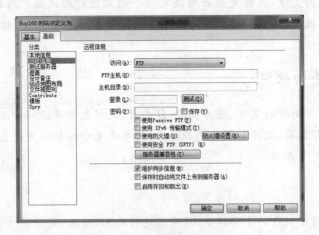

图 8-36　【站点定义】对话框

项目小结

　　网站发布是网站实现价值的必要途径，只有发布在 Internet 上，网站的功能才能实现。网站要有合法的域名，并上传到服务器才能被用户访问。要让网站受到关注，还需要进行宣传推广，并且对网站定期更新维护。